중국 인문관광자원의 이해

임영화 저

B (주)백산출판사

머리말

　중국은 한국과 이웃하고 있어, 역사적으로 서로 많은 영향을 미쳤다. 뿐만 아니라 정치 · 경제 · 문화 분야에서도 서로 많은 영향을 받으며 발전해 왔다. 또한 양국은 고대부터 우호관계를 맺고 문화, 무역 교류를 하였다. 하지만 1949년 중국이 사회주의국가를 건국하면서 대한민국의 대중국 외교는 대만(타이완) 일원으로 제한되었다. 그 후 중국은 1980년대부터 개혁개방정책을 펴면서 빠른 속도로 발전해 왔다. 한국과의 관계 또한 1992년 한중수교를 계기로 교류가 재개되었다.

　한중수교 후 한국과 중국의 교류는 여러 분야에서 비약적인 발전을 했다. 특히 사회 · 문화적 교류가 급격히 증가하여 중국에 대한 관심도가 높아졌다. 수교 초기에는 중국을 방문하는 한국인이 많았다. 하지만 2000년대 중반부터 한국을 방문하는 중국 관광객이 급증했다. 이에 중국전담여행사, 호텔 등을 비롯한 숙박시설과 관광상품들이 홍수처럼 쏟아졌다. 중국에 관한 서적 또한 대량 출판되었다. 그러나 중국 인문관광자원에 대한 서적은 그다지 많지 않아 본서를 편저하게 되었다.

　본서는 중국의 방대하고 다양한 인문관광자원들 중에서, 중국 인문사원의 이해를 돕기 위해 중국의 역사와 문화, 고대 건축물, 중국 인문관광자원의 핵심이라 생각하는 7대 고도(古都), 중국 경제의 중심인 상해(상하이) 등을 위주로 내용을 구성했다. 본서는 1부와 2부로 나눠 제1부 중국의 자원과 문화에서는

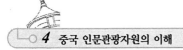

중국 개요, 중국의 인문자원과 자연 관광자원, 한자와 중국어, 중국의 문화, 중국의 세시풍속, 중국의 고대 건축물 등으로 구성하였으며, 제2부 중국의 고도(古都)에서는 서안(西安, 시안), 낙양(洛陽, 뤄양), 남경(南京, 난징), 북경(北京, 베이징), 항주(杭州, 항저우), 개봉(開封, 카이펑), 안양(安陽, 안양) 등과 상해(上海, 상하이) 등 지역의 인문관광자원을 위주로 구성하였다.

　본서는 대학교 관광계열학과 교재 또는 일반인들의 교양도서로서 중국의 인문관광자원에 대한 이해를 돕는 데 일조하리라 생각한다.

저자 씀

차례

제 1 부 중국의 자원과 문화

제2부 중국의 고도(古都)

제 **1** 부

중국의 자원과 문화

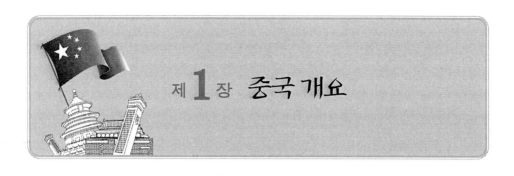

제**1**장 중국 개요

　중국은 중국(中國), 중화(中華), 화하(華夏), 신주(神州) 등으로 불리며, 공식 명칭은 '중화인민공화국(中華人民共和國)'이다. 수도는 북경(北京, 베이징)이고 영토는 960km²에 달한다. 다민족국가인 중국은 56개 민족으로 구성되어 있으며, 그중 한족이 93% 이상을 차지하고 있다. 지리적으로 아시아 동부에 위치한 중국은 BC 221년 진(秦)나라의 시황제(始皇帝)가 처음으로 통일을 이루었다. 그 후 여러 왕조의 시대적 변화를 겪으면서 중국 최후의 통일왕조인 청(淸)나라에 이어 국민당의 국민정부가 세워졌고, 1949년 공산당이 중화인민공화국(People's Republic of China)을 세웠다.

　중국(中國)이란 명칭은 중국을 중심으로 세계를 본 시각에서 나온 말이다. 즉 천하의 가운데 있다는 뜻이다. 다시 말하면, 중국의 지배자를 천자라고 칭하여 지배자는 나라의 가운데 있어야 하며, 그가 지배하는 지역을 중국이라 부르는 데서 비롯되었다.

　중국은 세계 최대의 인구와 광대한 국토를 가진 나라로 동쪽으로 흑룡강(黑龍江, 헤이룽지앙)과 오소리(烏蘇裏, 우쑤리)강의 합류점으로부터, 서쪽으로 신강위구르(新疆維吾爾, 신지앙위구르)자치구이 오흡(烏恰, 우치이)현의 파미르고원에 이르기까지 약 5,200km이고, 남쪽 남사(南沙, 난사)군도의 증모암사(曾母暗沙, 청무안사)부터 북쪽 막하(漠河, 모허) 이북의 흑룡강에 이르기까지 약 5,500km에 이른다. 미국과 거의 비슷하고, 일본의 약 30배, 우리나라 남북한을 합친 약 48배에 이른다. 시대적 변화는 다음의 역사연대표와 같다.

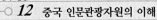

표-1	한 · 중 역사연대표	
중국연대	**중국사**	**한국사**
씨족사회	3황(三皇) 천황(天皇)씨, 지황(地皇)씨, 인황(人皇)씨 또는 수인(燧人)씨, 복희(伏犧)씨, 신농(神農)씨	고조선(古朝鮮)[단군조선(檀君朝鮮)] BC 2333~?
부족사회	5제(五帝) 황제(皇帝), 전욱(顓頊), 제곡(帝嚳), 요(堯), 순(舜)	
BC 2070~ BC 1600	하(夏): 우(禹)임금 • 수도: 안읍(安邑, 안이), 현 산서(山西, 산시)성 하(夏)현, 양적(阳翟, 양디), 현 하남(河南, 허난)성 우(禹, 위)현	
BC 1600~ BC 1046	상(商)(은(殷)): 탕(湯)왕 • 수도: 박(亳), 현 하남(河南, 허난)성 상구(商丘)시 　은(殷), 현 하남(河南)성 안양(安阳)시 *공식인정왕조	
BC 1046~ BC 771	서주(西周): 주문왕(周文王) 희발(姬發) • 수도: 호경(鎬京), 현 서안(西安, 시안)시 • 부도(동도): 낙양(洛陽, 뤄양), 현 하남(河南, 허난)성 낙양(洛陽)시	
BC 770~ BC 256	동주(東周): 주평왕(周平王) 희의구(姬宜臼) • 수도: 낙양(洛陽), 현 하남(河南)성 낙양(洛陽)시	춘추시대(春秋時代): 　BC 770~BC 476 전국시대(戰國時代): BC 475~BC 221 *주왕 권위 상실 *전국칠웅(戰國七雄): 제(齊), 초(楚), 연(燕), 한(韓), 조(趙), 위(魏), 진(秦)
BC 221~ BC 206	진(秦): 진나라 역대임금, 시황제(始皇帝) 영정(嬴政) • 수도: 함양(咸陽), 현 섬서(陝西)성 함양(咸陽)시	
BC 202~ AD 8	서한(西漢, 전한(前漢)): 한고조(漢高祖) 유방(劉邦) • 수도: 장안(長安), 현 섬서(陝西, 산시)성 서안(西安)시	위만조선(衛滿朝鮮) BC 194~BC 108 한무제(漢武帝) 한사군 설치 BC 108: 낙랑군(樂浪郡), 임둔군(臨屯郡), 진번군(眞番郡), 현도군(玄菟郡)

중국연대	중국사	한국사
8~23	신(新): 왕망(王莽) • 수도: 장안(長安), 현 섬서(陝西)성 서안(西安)시	초기국가시대-연맹왕국시대, 원삼국시대(原三國時代)
25~220	동한(東漢, 후한(後漢)): 한광무제(漢光武帝) 유수(劉秀) • 수도: 낙양(洛陽), 현 하남(河南)성 낙양(洛陽)시	부여(夫餘, 扶餘), 고구려(高句麗), 옥저(沃沮), 동예(東濊)
	*황건적의 난(黃巾起義)을 타개하기 위한 지방군벌 탄생 *연주(兗州)의 조조(曺操), 익주(益州)의 유언(劉彦), 기주(冀州)의 원소(袁紹), 양주(揚州)의 원술(袁術), 형주(荊州)의 유표(劉表), 강동(江東)의 손견(孫堅), 예주(豫州)의 유비(劉備)	삼한(三韓): 마한(馬韓), 진한(辰韓), 변한(弁韓)
220~280	삼국시대(三國時代): 조위(曹魏), 촉한(蜀漢), 동오(東吳)	삼국시대(三國時代): 고구려, 백제, 신라
	위(魏, 220~265): 위문제(魏文帝) 조비(曹丕) • 수도: 낙양(洛陽), 현 하남(河南)성 낙양(洛陽)시	고구려(高句麗): BC 37~AD 668 백제(百濟): BC 18~AD 660 신라(新羅): BC 57~AD 935 가야(加耶 · 伽耶 · 伽倻): AD 42~AD 562
	촉(蜀, 221~263): 한소열제(漢昭烈帝) 유비(劉備) • 수도: 성도(成都), 현 사천(四川)성 성도(成都)시	
	오(吳, 222~280): 오대제(吳大帝) 손권(孫權) • 수도: 건업(建業), 현 강소(江蘇)성 남경(南京)시	
266~316	서진(西晉): 진무제(晉武帝) 사마염(司馬炎) • 수도: 낙양(洛陽), 현 하남(河南)성 낙양(洛陽)시	
317~420	동진(東晉): 진원제(晉元帝) 사마예(司馬睿) • 수도: 건강(建康), 현 강소(江蘇)성 남경(南京)시	
304~439	5호16국(五胡十六國) *5호족: 흉노(匈奴), 저(氐), 강(羌), 갈(羯), 선비(鮮卑) 16국 <종족별> *흉노(匈奴)족: 전조(前趙), 북량(北涼), 하(夏) *갈(羯)족: 후조(後趙) *강(羌)족: 후진(後秦) *저(氐)족: 성한(成漢), 전진(前秦), 후량(後涼) *선비(鮮卑)족: 전연(前燕), 후연(後燕), 서연(西沿, 南燕, 南涼) *한(漢)족: 전량(前涼), 서량(西涼), 북연(北燕) <나라별> 전 · 후 · 서 · 남 · 북의 5량(5涼), 전 · 후 · 남 · 북의 4연(4燕), 전 · 후 · 서의 3진(3秦), 전 · 후의 2조(2趙), 하(夏), 성한(成漢)	

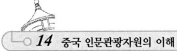

중국연대	중국사	한국사
420~581 남북조시대 (南北朝時代)	남조(南朝) *송(宋, 420~479): 송무제(宋武帝) 유유(劉裕) • 수도: 건강(建康), 현 강소(江蘇)성 남경(南京)시 *제(齊, 479~502): 제고제(齊高帝) 소도성(蕭道成) • 수도: 건강(建康), 현 강소(江蘇)성 남경(南京)시 *양(梁, 502~557): 양무제(梁武帝) 소연(蕭衍) • 수도: 건강(建康), 현 강소(江蘇)성 남경(南京)시 *진(陳, 557~589): 진무제(陳武帝) 진패선(陳霸先) • 수도: 건강(建康), 현 강소(江蘇)성 남경(南京)시 북조(北朝) *선비족의 북위(北魏, 386~534): 위도무제(魏道武帝) 탁발규(拓跋珪) • 수도: 평성(平城), 현 산서(山西)성 대동(大同)시 낙양(洛陽), 현 하남(河南)성 낙양(洛陽)시 *동위(東魏, 534~550): 위효정제(魏孝靜帝) 원선견 (元善見) • 수도: 업(鄴), 현 하북(河北)성 임장(臨漳)현 *서위(西魏, 535~556): 위문제(魏文帝) 원보거(元寶炬) • 수도: 장안(長安), 현 섬서(陝西)성 서안(西安)시 *북제(北齊): 제문선제(齊文宣帝) 고양(高洋) • 수도: 업(鄴), 현 하북(河北)성 임장(臨漳)현 *북주(北周): 주효민제(周孝閔帝) 우문각(宇文覺) • 수도: 장안(長安), 현 섬서(陝西)성 서안(西安)시	
581~618	수(隋): 수문제(隋文帝) 양견(楊堅) • 수도: 대흥성(大興城), 현 섬서(陝西)성 서안(西安)시	
618~907	당(唐): 당고조(唐高祖) 이연(李淵) • 수도: 장안(長安), 현 섬서(陝西)성 서안(西安)시 * 무주(武周, 690~705): 측천무후(則天武后)가 세운 나 라로 주(周), 대주(大周), 주국(周國)이라고도 함 • 수도: 신도(神都), 지금의 낙양(洛陽)시	통일신라: 676~935 발해(渤海): 698~926
	755 안녹산(安祿山)의 난	후삼국시대(後三國時代) 후고구려(마진(摩震), 태봉 (泰封)): 901~918
	875~884 황소(黃巢)의 난	
907~979	5대 10국(五代十國) 5대(五代, 907~960) *후량(後梁, 907~923): 양태조(梁太祖) 주황(朱晃) • 수도: 변(汴), 현 하남(河南)성 개봉(开封)시 *후당(後唐, 923~936): 당장종(唐庄宗) 이존욱(李存勖) • 수도: 낙양(洛陽), 현 하남(河南)성 낙양(洛陽)시 *후진(後晉, 936~947): 진고조(晋高祖) 석경당(石敬瑭)	후백제(後百濟): 892~936 고려(高麗): 918~1392

중국연대	중국사	한국사

	• 수도: 변(汴), 현 하남(河南)성 개봉(开封)시
	*후한(後漢, 947~950): 한고조(汉高祖) 류고(刘暠)
	• 수도: 변(汴), 현 하남(河南)성 개봉(开封)시
	*후주(後周, 951~960): 주태조(周太祖) 곽위(郭威)
	• 수도: 변(汴), 현 하남(河南)성 개봉(开封)시
	  10국(十國, 902~979)
	*오(吳, 902~937): 남오태조(南吳太祖) 양행밀(杨行密)
	• 수도: 광릉(广陵), 현 강소(江苏)성 양주(揚州)시
	*남당(南唐, 937~975): 당열조(唐烈祖) 이변(李昪)
	• 수도: 강녕부(江宁府), 현 강소(江蘇)성 남경(南京)시
	*전촉(前蜀, 907~925): 전촉태조(前蜀太祖) 왕건(王建)
	• 수도: 성도(成都), 현 사천(四川)성 성도(成都)시
	*후촉(後蜀, 933~966): 후촉고조(后蜀高祖) 맹지상
	  (孟知祥)
	• 수도: 성도(成都), 현사천(四川)성 성도(成都)시
	*남한(南漢, 917~971): 남한고조(南汉高祖) 류엄(刘龑)
	• 수도: 흥왕부(兴王府), 현 광동(广东)성 광주(广州)시
	*남초(南楚, 896~951): 초 무목왕(楚武穆王) 마은(马殷)
	• 수도: 장사부(长沙府), 현 호남(湖南)성 장사(长沙)시
	*오월(吳越, 907~978): 오월 태조(吳越太祖) 전류(钱镠)
	• 수도: 항주(杭州), 현 절강(浙江)성 항주(杭州)시
	*민국(閩國, 909~945): 민태조(閩太祖) 왕심지(王審知)
	• 수도: 장락부(長樂府), 현 복건(福建)성 복주(福州)
	  시, 건주(建州), 현 복건(福建)성 건구(建甌)시
	*형남(荊南, 924~963): 초무신왕(楚武信王) 고계흥
	  (高季兴)
	• 수도: 강릉부(江陵府), 현 호북(湖北)성 자귀(秭归)현
	*북한(北漢, 951~979): 북한 세조(北汉世祖) 류숭(刘崇)
	• 수도: 태원부(太原府), 현 산서(山西)성 태원(太原)시	

960~1127	북송(北宋): 송태조(宋太祖) 조광윤(趙匡胤) • 수도: 동경(東京), 현 하남(河南)성 개봉(開封, 카이 펑)시	
1127~1279	남송(南宋): 송고종(宋高宗) 조구(趙構) • 수도: 임안(臨安), 현 절강(浙江)성 항주(杭州)시	
916~1125	요(遼): 요태조(遼太祖) 야율아보(耶律阿保) • 수도: 황도(皇都), 현 내몽골(內蒙古)사치수 석몽(赤 峰)시 파림우기(巴林右旗)	
1038~1227	서하(西夏): 하경종(夏景宗) 이원호(李元昊) • 수도: 흥경(興慶), 영하회족(寧夏回族)자치구 은천 (銀川)시	

중국연대	중국사	한국사
1115~1234	금(金): 금태조(金太祖) 완안아골타(完顔阿骨打) • 수도: 회녕(會寧, 1115), 현 흑룡강(黑龍江)성 　　하얼빈(哈爾濱)시 　　중도(中都, 1153), 현 북경(北京, 베이징)시 　　남경(南京, 1214), 현 하남(河南)성 개봉(開封, 　　카이펑)시	
1271~1368	원(元): 원세조(元世祖) 패인지근 · 홀필렬(孛儿只斤 · 忽必烈) • 수도: 대도(大都), 지금의 북경(北京, 베이징)시	
1368~1644	명(明): 명태조(明太祖) 주원장(朱元璋) • 수도: 응천부(應天府, 1936), 지금의 남경(南京)시 　　순천부(順天府, 1420), 지금의 북경(北京, 　　베이징)시	조선(朝鮮)시대: 1392~1910
1616~1912	청(淸): 청세조(淸世祖) 애신각라 · 복림(愛新覺羅 · 福臨, 아이신기오로 · 풀린) • 수도: 심양(瀋陽, 선양) 　　북경(北京)	
1912~1949	중화민국(中華民國): 손중산(孫中山) • 수도: 남경(南京), 강소(江蘇)성 남경(南京)시	일제강점기(日帝强占期): 1910.8.29~1945.8.15
1949~	중화인민공화국(中華人民共和國): 모택동(毛澤東) • 수도: 북경(北京)	미군정(美軍政): 1945~1948
		대한민국(大韓民國): (남한) 1948

출처: 漢典(中國歷史朝代公元對照簡表) 참조

제1절   중국의 지리

    중국은 지리적으로 동경 105°, 북위 35°, 아시아 동부, 태평양 서안에 있다. 육지로는 한국, 러시아, 몽골인민공화국, 카자흐스탄, 키르기스스탄, 타지키스탄, 아프가니스탄, 파키스탄, 인도, 네팔, 부탄, 미얀마, 라오스, 베트남 등과 국경을 이룬다. 그 길이는 약 2만 2,000km이다. 해안선은 발해만으로 시작해 황해, 동중국해, 남중국해에 걸쳐 1만 8,000km에 달한다.

    지형학적으로는 크게 동부와 서부로 나뉜다. 두 지역 지질구조는 모두 여러 거대 지향사(地向斜)로 구성되어 있고, 여러 개의 산맥과 평야로 이루어져 있다. 전국 면적 중 산지 33%, 고원 26%, 구릉 10%, 분지 19%, 그리고 평야가 12%를 차지하고 있으며, 지형은 대체로 서쪽이 높고 동쪽으로 낮아지는 형태이다. 서쪽에는 히말라야(喜馬拉雅)산맥, 동쪽에는 천산(天山)산맥, 알타이(阿爾泰)산맥, 대흥안령(大興鞍嶺, 다싱안링)산맥이 자리하고 있다. 고원과 분지로는 해발 4,000m 이상 되는 청해(靑海, 칭하이)성과 서장(西藏, 티베트)의 청장(靑藏, 칭짱)고원, 해발 2,000m에서 1,000m에 이르는 운귀(雲貴, 윈구이)고원, 내몽골(內蒙古, 네이멍구)고원, 홍토(黃土)고원과 타림(塔里木)분지, 중가리아(準噶爾)분지, 사천(四川, 쓰촨)분지가 있다. 해발 500m에서 1,000m에 이르는 평원으로는 동북(東北, 둥베이)평원, 화북(華北, 화베이)평원, 장강(長江, 창지앙) 중 · 하류의 평원이 계단식 지형을 형성하고 있다.

    하천은 대부분 지형에 따라 서쪽에서 발원하여 동쪽으로 흘러, 황해나 동중국해로 들어가는데, 대표적인 하천으로는 황하(黃河, 황허, 5,464km)와 장강(長江, 창지앙, 6,300km)이 있다. 그 외에 회수(淮水, 화이수)와 전당강(錢塘江, 첸탕지앙)이 있으며, 남중국해로 들어가는 강으로는 주강(珠江, 주지앙) 등이 있다. 그리고 동북쪽 태평양으로 들어가는 흑룡강(黑龍江, 헤이룽지앙)을 경계로 러시아와 국경을 이루고 있다. 또한 전국 각지에 크고 작은 호수가 분포되어 있다. 비교적 큰 호수로는 청해(青海, 칭하이)성의 청해(青海, 4,538km²)호, 강서(江西, 지앙시)성의 파양(鄱陽, 3,976km²)호, 호남(湖南, 후난)성의 동정(洞庭, 3,915km²)호 등이 있다.

서쪽은 세계의 지붕이라 일컫는 히말라야산맥에서 북동쪽으로 천산(天山, 톈산)산맥, 알타이(阿爾泰)산맥, 대흥안령(大興安嶺, 다싱안링)산맥을 축으로 러시아, 몽골인민공화국과, 남동쪽은 천산(天山, 톈산)고원을 경계로 동남아시아의 라오스, 미얀마와 경계하고 있다. 중국 내부는 다시 곤륜(崑崙, 쿤룬)산맥, 당고라(唐古拉, 탕구라)산맥, 바옌카리(巴顏喀拉)산맥, 기련(祁連, 치렌)산맥이 있다. 그리고 그 안으로 태행(太行, 타이항)산맥이 남북으로 놓여 있고, 동서로 진령(秦嶺, 친링)산맥, 남령(南嶺, 난닝)산맥, 무이(武夷, 우이)산맥이 놓여 있으며, 동북(東北, 둥베이)평원, 화북(華北, 화베이)평원, 장강(長江, 창지앙) 중·하류 평원이 있다. 이외에 타클라마칸(塔克拉瑪干)사막과 고비(戈壁)사막이 있으며, 타림(塔里木)분지와 위수(渭水, 웨이수이 또는 渭河)분지가 있다.

중국의 지역은 산과 강, 호수 등을 기준으로 나누기도 한다. 대체로 하남(河南, 허난)성과 하북(河北, 허베이)성은 황하를 경계로 남북으로 나뉘고, 호남(湖南, 후난)성과 호북(湖北, 후베이)성은 동정호(洞庭湖, 둥팅호)를 경계로 남북으로 나뉘며, 산동(山東, 산둥)성과 산서(山西, 산시)성은 태행(太行, 타이항)산맥을 기준으로 나뉘어 붙여진 이름이다. 이 밖에 화동(華東, 화둥), 화서(華西, 화시), 화남(華南, 화난), 화중(華中, 화중) 지방으로도 나뉘고 있다.

화동(華東)은 산동(山東)성, 강소(江蘇, 지앙쑤)성, 안휘(安徽, 안후이)성, 절강(浙江, 저지앙)성, 복건(福建, 푸젠)성, 강서(江西, 지앙시성)성과 상해(上海, 상하이)시를 말하며, 화서(華西, 화시)는 장강(長江, 창지앙) 상류의 중경(重慶, 충칭)시와 사천(四川, 쓰촨)성 일대를 말한다. 화남(華南, 화난)은 주강(珠江, 주지앙) 유역으로 광동(廣東, 광둥)성과 광서장족(廣西壯族, 광시장족)자치구를 말하며, 화북(華北, 화베이)은 하북(河北, 허베이)성, 산서(山西, 산서)성, 북경(北京, 베이징)시, 천진(天津, 텐진)시 일대를 말한다. 화중(華中)은 장강(長江)의 중류, 즉 호북(湖北, 후베이)성, 호남(湖南)성 일대를 말하며, 요하(遼河, 랴오허) 동쪽 지역 즉 흑룡강(黑龍江, 헤이룽지앙)성, 길림(吉林, 지린)성, 요녕(遼寧, 랴오닝)성을 동북(東北, 둥베이)지방이라 부르고 있다.

중국지도

제2절 ┃ 중국의 행정구획

중국의 행정구획은 대략 춘추전국시대에 인구의 증가에 따라 형성된 것으로 보고 있다. 동한(東漢) 말에는 주(州), 군(郡), 현(縣) 3급 지방정치체제를 실시했고, 당나라 정관원년(唐貞觀元年, 627)에는 지역지형에 따라 전국을 10도(道)로 지정해 수시로 사신을 파견하여 각 도를 살피게 했다. 성(省)제도는 원(元)나라 시기에 1개의 중서성(中書省)과 10개의 행중서성(行中書省)을 설치하면서 사용하기 시작해 명·청대에도 그대로 사용했다. 오늘날의 섬서(陝西, 산시)성, 하남(河南, 허난)성, 강서(江西, 지앙시)성, 사천(四川, 쓰촨)성, 운남(雲南, 윈난)성, 감숙(甘肅, 간쑤)성은 원대(元代)의 행성(行省)명칭을 그대로 사용하는 것이다.

현재 중국의 행정구획(行政區劃)은 4개 직할시, 5개의 자치구, 23개의 성, 2개의 특별행정구로 되어 있다. 4개의 직할시는 북경(北京, 베이징)시, 천진(天津, 텐진)시, 상해(上海, 상하이)시, 중경(重慶, 충칭)시로 구성되어 있다. 자치구는 중국의 소수민족 정책의 일환으로 인구 200만 명 이상의 소수민족이 모여 사는 지역을 말한다. 5개의 자치구는 내몽골(內蒙古, 네이멍구)자치구, 영하(寧夏, 닝샤)회족자치구, 서장(西藏, 시짱)자치구, 신강위구르(新疆維吾爾, 신지앙위구르)자치구, 광서장족(廣西壯族, 광시장족)자치구 등이다. 성(省)으로는 흑룡강(黑龍江, 헤이룽지앙)성, 길림(吉林, 지린)성, 요녕(遼寧, 랴오닝)성, 하북(河北, 허베이)성, 하남(河南, 허난)성, 산동(山東, 산둥)성, 산서(山西, 산시)성, 섬서(陝西, 산시)성, 감숙(甘肅, 간쑤)성, 청해(靑海, 칭하이)성, 호남(湖南, 후난)성, 호북(湖北, 후베이)성, 사천(四川, 쓰촨)성, 안휘(安徽, 안후이)성, 강소(江蘇, 지앙쑤)성, 강서(江西, 지앙시)성, 절강(浙江, 저지앙)성, 복건(福建, 푸젠)성, 광동(廣東, 광둥)성, 귀주(貴州, 꾸이저우)성, 운남(雲

南, 윈난)성, 해남(海南, 하이난)성 등 22개의 성에 대만을 대만(臺灣, 타이완)
성으로 추가하여 총 23개의 성으로 정하고 있다. 2개의 특별행정구는 홍콩
(香港)특별행정구와 마카오(澳門)특별행정구이다.

특별행정구란 중국의 통일전선정책의 하나인 '한 나라에 두 체제(一國兩制)'
아래 자본주의적 체제를 50년 동안 보장해 주는 행정구이다. 홍콩은 영국의
식민지였다가 1997년 7월 1일 되돌려 받아 설치한 특별행정구이고, 마카오
는 1999년 12월 20일 포르투갈로부터 되돌려 받아 설치한 특별행정구이다.

표-2   **중국의 행정구획**

행정 단위		명칭	약칭	면적 (만㎢)	인구(명)	행정 중심지
성	1	하북(河北, 허베이)성	기(冀, 지)	19	71,854,202	석가장(石家庄, 스자좡)
	2	산서(山西, 산시)성	진(晉, 진)	15.6	35,712,111	태원(太原, 타이위안)
	3	요녕(遼寧, 랴오닝)성	요(遼, 랴오)	14.57	43,746,323	심양(瀋陽, 선양)
	4	길림(吉林, 지린)성	길(吉, 지)	18.74	27,462,297	장춘(長春, 장춘)
	5	흑룡강(黑龍江, 헤이룽지앙)성	흑(黑, 헤이)	45.4	38,312,224	하얼빈(哈爾濱)
	6	강소(江蘇, 지앙쑤)성	소(蘇, 쑤)	10.26	78,659,903	남경(南京, 난징)
	7	절강(浙江, 저지앙)성	절(浙, 저)	10.18	54,426,891	항주우(杭州, 항저)
	8	안휘(安徽, 한후이)성	환(皖, 완)	13.96	59,500,510	합비(合肥, 허페이)
	9	복건(福建, 푸젠)성	민(閩, 민)	12.14	36,894,216	복주(福州, 푸저우)
	10	강서(江西, 지앙시)성	감(贛, 간)	16.69	44,567,475	남창(南昌, 난창)
	11	산동(山東, 산둥)성	노(魯, 루)	15.71	95,793,065	제남(濟南, 지난)
	12	하남(河南, 허난)성	예(豫, 위)	16.7	94,023,567	정주(鄭州, 정저우)
	13	호북(湖北, 후베이)성	악(鄂, 어)	18.59	57,237,740	무한(武漢, 우한)
	14	호남(湖南, 후난)성	상(湘, 샹)	21.19	65,683,722	장사(長沙, 창사)
	15	광동(廣東, 광둥)성	월(粵, 웨)	17.98	104,303,132	광주(廣州, 광저우)
	16	해남(海南, 하이난)성	경(瓊, 충)	3.5	8,671,518	해구(海口, 하이커우)
	17	사천(四川, 쓰촨)성	천(川, 촨), 촉(蜀, 수)	48.5	80,418,200	성도(成都, 청두)
	18	귀주(貴州, 꾸이저우)성	귀(貴, 꾸이), 검(黔, 쳰)	17.61	34,746,468	귀양(貴陽, 구이양)
	19	운남(雲南, 윈난)성	운(雲, 윈), 전(滇, 뎬)	39.4	45,966,239	곤명(昆明, 쿤밍)
	20	섬서(陝西, 산시)성	섬(陝, 섬), 진(秦, 친)	20.56	37,327,378	서안(西安, 시안)

행정 단위		명칭	약칭	면적 (만㎢)	인구(명)	행정 중심지
	21	감숙(甘肅, 간쑤)성	감(甘, 간), 롱(隴, 룽)	45.5	25,575,254	란주(蘭州, 란저우)
	22	청해(青海, 칭하이)성	청(青, 칭)	69.66	5,626,722	서녕(西寧, 시닝)
자 치 구	1	내몽골(內蒙古, 네이멍구) 자치구	몽(蒙, 멍)	118.3	24,706,321	호화호특(呼和浩特, 후허하 오터)
	2	영하회족(寧夏回族, 닝샤 회족)자치구	녕(寧, 닝)	6.64	6,301,350	은천(銀川, 인촨)
	3	광서장족(廣西壯族, 광시 장족)자치구	계(桂, 구이)	23.63	46,026,629	남녕(南寧, 난닝)
	4	신강위구르(新疆維吾爾, 신지앙위구르)자치구	신(新, 신)	166	21,813,334	오로목제(烏魯木齊, 우루무치)
	5	서장(西藏, 시짱)자치구	장(藏, 짱)	122.84	3,002,166	납살(拉薩, 라싸)
직 할 시	1	북경(北京, 베이징)직할시	경(京, 징)	1.68	19,612,368	북경(北京, 베이징)
	2	천진(天津, 톈진)직할시	진(津, 진)	1.13	12,938,224	천진(天津, 톈진)
	3	상해(上海, 상하이)직할시	호(滬, 후), 신(申, 선)	0.63	23,019,148	상해(上海, 상하이)
	4	중경(重慶)직할시	유(渝, 위)	8.24	28,846,170	중경(重慶, 충칭)
특별 행정 구	1	홍콩(香港)특별행정구	항(港, 강)	0.11	7,097,600	홍콩(香港)
	2	마카오(澳門)특별행정구	오(澳, 아오)	29.2	552,300	마카오(澳門)

중국은 또한 행정구역을 화북(華北), 화동(華東), 중남(中南), 동북(東北), 서남(西南), 서북(西北) 등 6대 지역으로 나누어 행정구역 코드(代碼)번호 앞자리 수를 달리하고 있다.

● 화북(華北)지역

북경(北京)직할시, 천진(天津)직할시, 하북(河北)성, 산서(山西)성, 내몽골(內蒙古)자치구 등은 코드번호 앞자리 수가 1로 시작한다.

● 동북(東北)지역

흑룡강(黑龍江)성, 길림(吉林)성, 요녕(遼寧)성 등은 코드번호 앞자리 수가 2로 시작한다.

• 화동(華東)지역

상해(上海)직할시, 산동(山東)성, 강소(江蘇)성, 절강(浙江)성, 강서(江西)성, 안휘(安徽)성, 복건(福建)성, 대만(臺灣, 타이완)성 등은 화동지역으로 대만을 제외하고 코드번호 앞자리 수가 모두 2로 시작한다. 대만은 7로 시작한다.

• 서남(西南)지역

사천(四川)성, 귀주(貴州)성, 운남(雲南)성, 서장(西藏)자치구, 중경(重慶)직할시 등은 코드번호 앞자리 수가 5로 시작한다.

• 서북(西北)지역

섬서(陝西)성, 감숙(甘肅)성, 청해(靑海)성, 영하(寧夏)자치구, 신강(新疆)자치구 등은 코드번호 앞자리 수가 6으로 시작한다.

• 중남(中南)지역

호북(湖北)성, 호남(湖南)성, 하남(河南)성, 광동(廣東)성, 광서장족(廣西壯族)자치구, 해남(海南)성, 홍콩(香港)특별행정구, 마카오(澳門)특별행정구 등은 중남지역으로 분류되어 있다. 이 중 홍콩과 마카오의 행정코드번호 앞자리 수가 8로 시작되고 나머지는 모두 4로 시작한다.

행정구획의 구분은 크게 성급(省級), 지급(地級), 현급(縣級)으로 나누고 있다. 성급은 성, 자치구, 직할시, 특별행정구를 포괄하고 이다. 지급은 지구(地區), 자치주(自治州), 지급시(地級市), 맹(盟)으로 구분된다. 현급은 현(縣), 자치현(自治縣), 현급시(縣級市), 기(旗), 자치기(自治旗), 특구(特區), 임구(林區)를 포괄하고 있다. 그리고 현과 자치현 아래에 지방 3급 행정단위인 향(鄕)과 진(鎭)을 두고 있다. 자치구를 비롯한 자치주, 자치현은 모두 소수민족의 자치행정단위이며, 맹과 기는 내몽골(內蒙古)자치구에만 있는 행정단위이다.

중국은 여러 민족이 통합되어 형성된 다민족국가이다. 1953년에 각 지방 정부에 신고된 민족은 400여 개, 1964년에 조사된 민족의 수는 183개로 나타나 아직도 정확한 민족 수를 확인할 수 없다. 하지만 중국정부가 공식적으로 발표한 중국은 하나의 한족과 55개 소수민족으로 이루어진 56개의 다민족국가이다. 일찍이 중국의 고대사서(史書)에는 주변 민족에 관한 기술을 중국 역사서에 포함시켜 중국이 하나의 단일민족이 될 수 없음을 예견했다. 진(秦)·한(漢)대의 흉노(匈奴)나, 위(魏)·진(晉)·남북조(南北朝)시대의 오호(五胡)나, 수(隋)·당(唐)대의 돌궐(突厥), 오(吳)·송(宋)대의 거란족(契丹族)이나 여진족(女眞族) 등은 끊임없이 중국의 장성을 넘어 내륙으로 들어왔다. 그리고 중국을 지배하면서도 중국화되어 '중국인'으로 편입되었다.

중국인이란 주로 '한족(漢族)'을 가리키는 것으로, 오늘날 중국인의 대부분을 말한다. '소수민족'이라는 말은 다민족국가에서 지배적 세력을 가진 민족에 대해 상대적으로 인구가 적고, 언어와 관습 등이 다른 민족을 의미한다. 중국에서 소수민족의 규모는 전체 인구의 10분의 1도 안 된다. 2010년 제6차 인구조사 결과에 의하면, 13억을 넘는 중국 인구 중 한족(漢族)이 12억 2,600만 명으로 91.5%이며, 55개 소수민족은 1억 1,400만 명으로 8.5%였다.

1. 소주민족의 분포

소수민족은 비록 소수에 불과하지만 거주하는 지역범위가 매우 넓으며, 민족별로 집단 거주하는 '대잡거(大雜居)' 또는 '소취거(小聚居)'의 특징을 보인다. 대잡거는 소수민족이 여러 성(省) 지역에 뒤섞여 거주하는 것을 말하고, 소취거는 소수민족이 민족별로 향(鄕)이나 현(縣)과 같은 소규모 범위에서 집단 거주하는 형태를 의미한다. 즉 소수민족이 중국 전역에 널리 분포되어 거주하는 상황과 또 개별 소수민족들이 민족자치지역을 중심으로 집단 거주하는 상황을 의미한다.

표-3 　　　　중국 소수민족 분포표(中國少數民族分布表)

순위	민족명칭 (民族名稱)	주요 분포지역(主要分布地區)
1	장족(壯族)	광서장족(廣西壯族)자치구, 운남(雲南)성, 광동(廣東)성, 귀주(貴州)성
2	회족(回族)	영하회족(寧夏回族)자치구, 감숙(甘肅)성, 하남(河南)성, 신강위구르(新疆維吾爾)자치구, 청해(靑海)성, 운남(雲南)성, 하북(河北)성, 산동(山東)성, 안휘(安徽)성, 요녕(遼寧)성, 북경(北京)시, 흑룡강(黑龍江)성, 천진(天津)시, 길림(吉林)성, 섬서(陝西)성
3	만주족(滿族)	흑룡강(黑龍江)성, 길림(吉林)성, 요녕(遼寧)성, 하북(河北)성, 북경(北京)시, 내몽골(內蒙古)자치구
4	위구르족(維吾爾族)	신강위구르(新疆維吾爾)자치구, 호남(湖南)성
5	묘족(苗族)	귀주(貴州)성, 운남(雲南)성, 호남(湖南)성, 광서장족(廣西壯族)자치구, 사천(四川)성, 광동(廣東)성, 호북(湖北)성
6	이족(彝族)	사천(四川)성, 운남(雲南)성, 귀주(貴州)성, 광서장족(廣西壯族)자치구
7	토가족(土家族)	호남(湖南)성, 호북(湖北)성, 사천(四川)성
8	장족(藏族, 티베트족)	시장(西藏)자치구, 사천(四川)성, 청해(靑海)성, 감숙(甘肅)성, 운남(雲南)성
9	몽골족(蒙古族)	내몽골(內蒙古)자치구, 요녕(遼寧)성, 신강위구르(新疆維吾爾)자치구, 길림(吉林)성, 흑룡강(黑龍江)성, 청해(靑海)성, 허베이(河北)성, 하남(河南)성, 감숙(甘肅)성, 운남(雲南)성
10	동족(侗族)	귀주(貴州)성, 호남(湖南)성, 광서장족(廣西壯族)자치구
11	포의족(布依族)	귀주(貴州)성
12	요족(瑤族)	광서장족(廣西壯族)자치구, 호남(湖南)성, 운남(雲南)성, 광동(廣東)성, 귀주(貴州)성, 사천(四川)성
13	백족(白族)	운남(雲南)성, 귀주(貴州)성
14	조선족(朝鮮族)	길림(吉林)성, 흑룡강(黑龍江)성, 요녕(遼寧)성
15	하니족(哈尼族)	운남(雲南)성
16	여족(黎族)	해남(海南)성
17	카자흐족(哈薩克族)	신강위구르(新疆維吾爾)자치구, 감숙(甘肅)성
18	태족(傣族)	운남(雲南)성

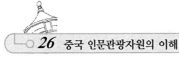

순위	민족명칭 (民族名稱)	주요 분포지역(主要分布地區)
19	사족(畲族)	복건(福建)성, 절강(浙江)성, 강서(江西)성, 광동(廣東)성, 안휘(安徽)
20	율속족(傈僳族)	운남(雲南)성, 사천(四川)성
21	동향족(東鄉族)	감숙(甘肅)성, 신강위구르(新疆維吾爾)자치구
22	흘로족(仡佬族)	귀주(貴州)성, 광서장족(廣西壯族)자치구, 운남(雲南)성
23	납호족(拉祜族)	운남(雲南)성
24	와족(佤族)	운남(雲南)성
25	수족(水族)	귀주(貴州)성, 광서장족(廣西壯族)자치구
26	나시족(納西族)	운남(雲南)성, 사천(四川)성
27	강족(羌族)	사천(四川)성
28	토족(土族)	청해(青海)성, 감숙(甘肅)성
29	무료족(仫佬族)	광서장족(廣西壯族)자치구
30	시보족(錫伯族)	신강위구르(新疆維吾爾)자치구, 요녕(遼寧)성, 길림(吉林)성
31	키르기즈족(柯爾克孜族)	신강위구르(新疆維吾爾)자치구, 흑룡강(黑龍江)성
32	경파족(景頗族)	운남(雲南)성
33	다우르족(達斡爾族)	내몽골(內蒙古)자치구, 흑룡강(黑龍江)성, 신강위구르(新疆維吾爾)자치구
34	살라족(撒拉族)	청해(青海)성, 감숙(甘肅)성
35	부랑족(布朗族)	운남(雲南)성
36	모남족(毛南族)	광서장족(廣西壯族)자치구
37	타지크족(塔吉克族)	신강위구르(新疆維吾爾)자치구
38	푸미족(普米族)	운남(雲南)성
39	아창족(阿昌族)	운남(雲南)성
40	누족(怒族)	운남(雲南)성
41	오원커족(鄂溫克族)	내몽골(內蒙古)자치구, 흑룡강(黑龍江)성
42	경족(京族)	광서장족(廣西壯族)자치구
43	기낙족(基諾族)	운남(雲南)성
44	덕앙족(德昂族)	운남(雲南)성
45	보안족(保安族)	감숙(甘肅)성
46	러시아족(俄羅斯族)	신강위구르(新疆維吾爾)자치구
47	유고족(裕固族)	감숙(甘肅)성
48	우즈베크족(烏孜別克族)	신강위구르(新疆維吾爾)자치구
49	문파족(門巴族)	서장(西藏)자치구

순위	민족명칭 (民族名稱)	주요 분포지역(主要分布地區)
50	오르죤족(鄂倫春族)	내몽골(內蒙古)자치구, 흑룡강(黑龍江)성
51	독룡족(獨龍族)	운남(雲南)성
52	혁철족(赫哲族)	흑룡강(黑龍江)성
53	고산족(高山族)	복건(福建)성, 대만(臺灣, 타이완)
54	낙파족(珞巴族)	서장(西藏)자치구
55	타타르족(塔塔爾族)	신강위구르(新疆維吾爾)자치구

중국의 소수민족은 비록 '대잡거(大雜居)' 형태나 '소취거(小聚居)' 형태로 분포되어 살고 있지만, 회족과 만주족이 한어를 사용하는 것을 제외하고는 모두 자기 민족의 고유 언어를 사용하고 있다. 또한 몽골족(蒙古族), 위구르족(維吾爾族) 등 21개의 소수민족은 각자의 고유문자도 가지고 있다. 뿐만 아니라 대부분의 소수민족들은 그들만의 풍습을 보존하고 있다. 중국 상해 소재의 중화민족대관원(中華民族大觀園)과 북경 소재의 중화민족원(中華民族園)박물관에서는 중국 소수민족들의 풍습 및 생활모습을 전시하고 있다. 이곳에서는 중국 여러 소수민족들의 생활방식, 풍습 및 건축양식 등을 엿볼 수 있다.

중국 소수민족

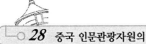

2. 중국의 소수민족 정책

중국의 소수민족에 대한 정책은 전통적으로 이이제이(以夷制夷, 직접통치보다는 변방민족에 의한 견제와 통치)와 같은 유화적 통치방법과 원(元)대의 토사제도(土司制度, 전통적인 토착지배계급에 하위서열의 신분을 보장해 주어 그들로 하여금 관할지역을 관리하게 하는 일종의 간접통치) 및 청(淸)대의 유관제도(流官制度, 지방 관리를 중앙에서 파견하는 중앙집권정치) 등을 선호했다. 그러나 중화인민공화국이 건국되면서 민족자결(民族自決), 연방제(聯邦制), 민족자치(民族自治) 등과 중국사회주의 방식인 민족구역자치의 원칙이 이이제이(以夷制夷) 방식과 결합되면서, 중국적 소수민족정책을 수립하게 되었다. 이는 강력한 한족 단일성에 기반한 인구상황과 시간이 지날수록 소수민족의 문제는 희석될 것이라는 인식의 소산이라 할 수 있다.

특히 등소평(鄧少平, 덩샤오핑)정권은 문화적 관습, 혈연과 종교에 기반을 둔 상부구조는 하루아침에 바뀌지 않는다는 점, 그리고 강압적인 민족정책이야말로 분리주의 운동을 더욱 확대해 갈 것이며 이것은 결국 중국의 정치적 안정을 위협할 것이라는 점에 주목했다. 특히 소수민족이 많이 거주하는 지역은 대부분 국경 너머 그 민족의 모국과 접해 있는 '간거주성(間居住性)'의 특성이 있다. 그래서 소수민족의 분리 독립 움직임은 영토안정과 국민통합에 즉각적인 불안을 유발하는 요인으로 작용한다. 때문에 중국은 국가 안보와 정권 유지를 위해, 그리고 영토안정과 국민통합을 유지하기 위해, 소수민족을 포용하는 태도를 취해왔다. 이런 맥락에서 소수민족에 대한 유화정책이 더욱 강화되었다.

중국 헌법에는 "전국의 여러 민족은 모두 평등하며 정치·경제·문화생활에서 한족과 동등한 대우와 권리를 향유할 수 있다"고 규정하고 있다. 이 같은 헌법의 보장과 정책적 배려하에 운용되는 중국의 소수민족 정책을 요약하면 대체로 다음과 같다.

첫째, 소수민족에 대한 평등정책을 시행한다.

둘째, 소수민족지역의 자치를 시행한다.

셋째, 소수민족 간부를 양성한다.

넷째, 소수민족이 자신들의 언어와 문자를 사용하는 것을 허용한다.

다섯째, 소수민족의 풍속 습관과 종교 신앙의 자유를 보장한다.

그러나 이와 같은 제도적인 보장에도 불구하고 중국 내 소수민족이 거주하는 지역들은 단지 명목상의 자치지역일 뿐이다. 자신들의 이름을 딴 자치지역에서 살고 있는 소수민족들은 지방정부와 당(黨)조직에 많은 대표들을 두고 있지만, 한족이 일반적으로 최종적인 통제를 하고 있으며, 다양한 통제전략을 수립하여 소수민족들을 규제하는 등 한족 중심주의를 여실히 드러내고 있다.

또한 소수민족에게는 계획출산의 완화, 명문대학 진학의 배분, 취직상의 혜택 등의 우대조치를 취하기도 하지만, 소수민족이 중앙정계에 진출할 수 있는 확률은 대단히 희박한 실정이다. 결론적으로 중국정부의 소수민족정책이 외형적으로 그들이 표방하는 것과 같이 소수민족의 결집이나 민족의 정체성 확립에 긍정적으로 작용하기보다는, '하나의 중국'을 겨냥한 한족의 제한적인 배려로 이해해야 할 것이다.

한편 소수민족이 주로 거주하는 내몽골(內蒙古), 신강(新疆), 서장(西藏, 티베트) 등의 자치구 지역에는 석유, 석탄, 철광석, 우라늄, 티타늄 등 지하자원이 다량 매장되어 있다. 따라서 향후 경제적으로 개발될 가능성이 무궁한 지역으로 인식되고 있다. 이런 이유로 소수민족에 대한 중국정부의 입장은 '포용'과 '견제'라는 두 가지 측면을 모두 담고 있다.

중국 전체 인구의 91.5%를 차지하여 압도적으로 인구가 많은 한족이 차지하고 있는 땅은 40~50%에 불과하다. 소수민족보다 인구가 많은 데 비해 많은 면적을 차지하지 못하고 있는 상황에서, 중국의 소수민족 문제는 매우 중요한 문제이다. 물론 이들도 시간이 지나면 언젠가 중국화될 수밖에 없지만, 우선 이들에게 적당한 정책을 펼 수밖에 없는 실정이기 때문에, 표면적으로 소수민족에 대한 특별정책을 표방할 수밖에 없다. 따라서 소수민족의 전통에 대한 보호책으로 자치구(自治區)나, 자치주(自治州)를 설정하여 각 민족의 고유성을 인정하는 정책을 고수해 왔다.

1947년 내몽골자치구가 설립되면서 중국 최초의 성급 소수민족자치구가 되었다. 내몽골자치구는 토지 면적이 중국면적의 약 12.3%인 118만 3천km²에 달한다. 그 후 민족구역자치제도는 해당 지역의 규모에 따라 3단계로 분류했다. 3단계는 자치구(自治區), 자치주(自治州), 자치현(自治縣)으로 되어 있다. 우선 지방행정구역 분류에 따른 1급 행정구역단위인 성(省)이나 직할시급 규모의 지역에는 자치구(自治區)가 있다. 그보다 작은 범위의 지역으로 2급 행정단위인 지급(地級)시 규모에는 자치주(自治州)가 있는데 성과 현 사이의 행정구역을 말한다. 또한 3급 행정단위인 현급 규모로는 자치현(自治縣)이 있다.

위와 같은 기준에 따라 2003년까지 자치현 이상의 행정구역으로는 155곳의 소수민족 자치지역이 설치되었다. 자치구 5곳, 자치주 30곳, 자치현(내몽골 지역에서는 '기(旗)'와 '맹(盟)'으로 표기) 120곳이다. 또한 소수민족의 거주 면적이 너무 작거나 인구가 적고 분산 거주하는 지역에는 '민족향(民族鄕)'을 설치하였다. 하지만 민족향은 자치권을 행사할 수 없다.

민족향은 2007년 기준으로 총 1,093곳에 달한다. 산서(山西, 산서), 섬서(陝西, 산시), 해남(海南, 하이난), 영하(寧夏, 닝샤), 상해(上海, 상하이)에는 민족향이 없고, 나머지 26개 성급 행정구역에 설치되어 있다. 이 중 귀주성이 252곳으로 가장 많고, 운남성 150곳, 사천성 98곳이며, 호남성도 97곳에 이른다.

소수민족 정책은 강택민(江澤民, 장쩌민), 호금도(胡錦濤, 후진타오), 습근평(習近平, 시진핑) 체제로 권력 승계과정을 거치면서 이른바 '다원일체 중화민족(多元一體 中華民族)' 사상을 통해 공동체의식을 강조했다. 2013년 국가주석이 된 시진핑은 "중화민족은 한 가족으로, 함께 중국 꿈을 이루어나가자(中華民族一家親 同心共築中國夢)"고 말하여 소주민족을 포용하려는 뜻을 보여주었다.

3. 중국 소수민족의 역할

중국의 소수민족은 오래전부터 중국이라는 영토에 견고한 뿌리를 내리고 있다. 통일된 다민족국가인 중국은 기원전 221년 진시황이 중국을 통일하고 군현제에 의한 중앙 전제적 국가를 건립했다. 그리고 그때부터 오늘에 이르기까지 2000여 년의 세월 동안 분열과 통합이 교차하는 역사를 유지하고 있다. 이 같은 과정에서 몽골족(元), 만주족(淸) 등 소수민족이 중국의 통일과 발전에 주도적인 역할을 하기도 했다.

소수민족은 또한 중국의 목축업, 농업, 수공업, 과학기술, 건축예술, 의약, 문화, 예술 등 여러 면의 발전에도 크게 기여했다. 서장(西藏) 라싸의 포탈라궁(布达拉宫, 부다라궁) 건축, 북경의 자금성 건축, 서장의 의약(藏藥), 몽골의 의약(蒙藥) 등이 바로 그중의 일부분이다. 전체적으로 볼 때, 중국 내 소수민족의 과거와 현재의 상황은 많은 차이점을 보이고 있다. 이러한 복잡한 문제를 해결하는 방법은 획일적일 수가 없다. 그리고 소수민족의 역사적 · 현실적 역할과 그들의 지위 등도 오늘날 중국에서 소수민족정책을 수립 · 시행할 때 유의하지 않으면 안 되는 중요한 요소가 되고 있다.

세계 여러 곳에서 분쟁이 끊이지 않고 있는 이때, 중국은 그나마 56개라는 많은 민족의 국가공동체를 운영하면서 상당히 안정적인 정책으로 소수민족과 한족이 공존하는 형태를 이루고 있다.

이 밖에 중국의 56개 민족들은 독특한 역사문화와 풍습을 가지고 있어 다채롭고 풍부한 인문자원을 형성하고 있다. 중국의 다채로운 문화체계에는 중국 소수민족문화가 매우 큰 비중을 차지하고 있다. 그 비중은 그들이 차지한 인구비율보다 훨씬 크다. 수천 년 동안 중국의 소수민족들은 한족문화나 외국문화와 그들의 문화를 융화시켜 더욱 풍부한 민족문화를 창출시켰다. 예를 들어 불교의 '천원지방(天圓地方)' '내원외방(內圓外方)' 등의 사상은 바로 인도, 네팔의 불교와 장족들의 본교(苯教) 및 북방 유목민족의 샤머니즘(薩滿教)을 결합한 산물이다. 현재 중국의 소수민족들이 보존하고 있는 그들만의 문화는 중국의 인문관광자원으로서 국내외 관광객들의 주목을 받고 있다.

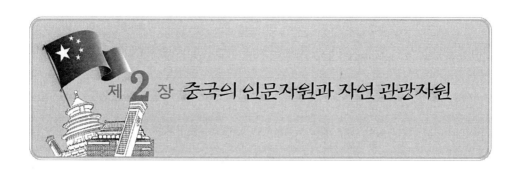

제 2 장 중국의 인문자원과 자연 관광자원

　중국은 국토가 광활하여 전국을 일일생활권으로 하는 한국과는 근본적으로 다른 공간개념과 시간개념을 형성하고 있다. 또한 광활한 국토만큼 천혜의 자연환경을 바탕으로 서로 다른 풍속을 가진 다양한 민족과 풍물이 어우러져, 가히 여행객의 천국이라 불러도 손색이 없을 정도로, 풍부한 관광자원을 보유하고 있다. 남과 북으로 확연하게 구분되는 기후 차이와 방언은 이국적인 문화 정취를 느끼게 한다. 동서로 구분되는 지형적 차이는 지역마다 향토색이 뚜렷하여 신비감을 더해주고 있다. 또한 다민족국가로서 가지고 있는 각 민족의 풍습과 문화는 색다른 인문관광자원으로 활용되고 있다.

　유네스코에서 지정한 중국 세계유산의 규모를 보더라도 중국에는 얼마나 많은 문화유산과 관광자원이 산재해 있는지 짐작할 수 있다. 전 세계 167개국에 분포되어 있는 세계유산은 총 1,073점(2017년 7월 기준)이다. 그중 문화유산이 832점, 자연유산 206점, 복합유산이 35점이다. 중국은 2017년도 7월까지 세계문화유산 36곳, 세계자연유산 12곳, 세계복합유산 4곳 등 총 52곳이 세계유산으로 등재되어, 이탈리아(53곳)에 이어 세계에서 두 번째로 많은 숫자를 자랑하고 있다.

표-4	중국의 세계문화유산		

	명칭	소재지	내용	지정연도
1	장성 (長城)	흑룡강(黑龍江, 흑룡강), 길림(吉林, 지린), 요녕(遼寧, 랴오닝), 하북(河北, 허베이), 천진(天津, 톈진), 북경(北京, 베이징), 산동(山東, 산둥), 하남(河南, 허난), 산서(山西, 산서), 섬서(陝西, 산시), 감숙(甘肅, 간쑤), 영하(寧夏, 닝샤), 청해(青海, 칭하이), 내몽골(内蒙古, 네이멍구), 신강(新疆, 신지앙)		1987.12
2	막고굴(莫高窟)	감숙성(甘肅省, 간쑤), 돈황시(敦煌市)		1987.12
3	명청고궁(明清故宮)	북경(北京, 베이징), 요녕성 심양시 (遼陽省 沈陽市, 랴오닝성 선양시)	북경고궁(北京故宮), 심양고궁(沈陽故宮)	1987.12 2004.7.1
4	진시황릉과 병마용갱 (秦始皇陵及兵馬俑坑)	섬서(陝西, 산시)성 서안(西安)시	진시황릉(秦始皇陵), 병마용갱(兵馬俑坑)	1987.12
5	주구점북경인유적(周口店北京人遺址, 저우커우뎬베이징인유적)	북경(北京, 베이징) 방산(房山, 팡산)구		1987.12
6	라싸시포탈라궁역사 건축군(拉薩布達拉宮 歷史建築群)	서장(西藏, 티베트)자치구 라싸(拉薩)시	포탈라궁 (布達拉宮), 대소사(大昭寺), 라포림카(羅布林卡, 뤄부린카)	1994.12 2000.11 2001.12
7	승덕피서산장과 주위 사원(承德避暑山莊及其周圍寺廟)	하북(河北, 허베이)성 승덕(承德, 청덕)시	청더 피서산장과 주위 사원(承德避暑山莊及其周圍寺廟)	1994.12
8	곡부공묘, 공림, 공부 (曲阜孔廟, 孔林, 孔府)	산동(山東, 산둥)성 곡부(曲阜, 취푸시)시	공묘(孔廟), 공림(孔林), 공부(孔府)	1994.12
9	무당산고건축군(武當 (우당)山古建築群)	호북(湖北, 후베이)성 단강구(丹江口, 단장커우시)시	고건축(古建築)과 유적지 62곳	1994.12
10	여산국가급풍경명승구(廬山 (루산)國家級風景名勝區)	강서(江西, 지앙시)성 구강(九江, 지우지앙)시		1996.12
11	여강고성 (麗江 (리지앙)古城)	운남(雲南, 윈난)성 여강(麗江, 리지앙)시		1997.12
12	평요고성(平遙古城)	산서(山西, 산시)성 평요(平遙, 핑요)현		1997.12
13	소주고전원림(蘇州 (쑤저우)古典園林)	강소(江蘇, 지앙쑤)성 소주(蘇州)시	소주고전원림(蘇州古典園林)	1997.12
14	북경황가제단(北京皇家祭壇) - 천단(天壇)	북경(北京) 동성(東城)구	북경천단(北京天壇)	1998.11
15	북경황가원림(北京皇家園林) - 이화원(頤和	북경(北京)시 해전(海澱, 하이뎬)구		1998.11

	명칭	소재지	내용	지정연도
	園, 이허위안)			
16	대족석각 (大足(따주)石刻)	중경(重慶)시 대족(大足, 따주)현	대족석각(大足石刻)	1999.12
17	용문석굴 (龍門石窟, 룽먼석굴)	하남(河南)성 낙양(洛陽)시	용문석굴(龍門石窟)	2000.11
18	명청황가능침 (明淸皇家陵寢)	호북(湖北)성 종상(鍾祥, 중상)시, 하북(河北)성 준화(遵化, 쭌화)시 역(易, 이)현, 강소(江蘇, 지앙쑤)성 남경(南京)시, 북경 창평(昌平, 창핑)구, 요녕(遼寧)성 심양(瀋陽)시 신빈(新賓)현	2000.11 명현릉(明顯陵, 湖北), 청동릉(淸東陵, 河北), 청서릉(淸西陵, 河北); 2003.7 명효릉(明孝陵, 江蘇), 명13릉(明十三陵, 北京); 2004.7 성경3릉(盛京三陵, 遼寧)	2000.11, 2003.7, 2004.7.
19	청성산 및 도강언(靑城山 - 都江堰, 두지앙옌)	사천(四川, 사천)성 도강언(都江堰, 두장옌)		2000.11
20	환남고촌락 - 서체(皖南古村落 - 西遞, 시디), 홍촌(宏村)	안휘(安徽)성 이(黟)현	환남고촌락 - 서체(皖南古村落 - 西遞), 홍촌(宏村)	2000.11
21	운강석굴 (雲岡(윈강)石窟)	산서(山西)성 대동(大同, 다퉁)시		2001.12
22	고구려왕성, 왕릉 및 귀족고분(高句麗王城, 王陵及貴族墓葬)	길림(吉林)성 집안(集安, 지안)시, 요녕(遼寧)성 환인만족(桓仁滿族)자치현	오녀산봉(五女山峰), 국내성(国内城), 환도산성(丸都山城), 12기의 왕릉(12座王陵), 26기의 귀족묘장(26座貴族墓葬), 호태왕비(好太王碑), 장군분 1호배총(将军坟1号陪冢)	2004.7.1
23	마카오역사성구 (澳門曆史城區)	마카오(澳門)특별행정구		2005.7.15
24	안양은허(安陽殷墟)	하남(河南)성 안양(安陽)시		2006.7.13
25	개봉조루와 촌락 (開平碉樓與村落)	광동(廣東)성 개평(開平, 카이핑)시		2007.6
26	복건 토루 (福建土樓)	복건(福建)성 용암(龍岩, 룽옌)시, 장주(漳州, 장저우)		2008.7
27	오대산 (五台山, 우타이산)	산서(山西)성 오대(五台, 우타이)현		2009.6
28	등봉 '천지지중' 역사고적(登封(뎡펑) "天地	하남(河南)성 등봉(登封, 뎡펑)시		2010.8

	명칭	소재지	내용	지정연도
	之中"歷史古跡)			
29	항주서호문화경관 (杭州西湖文化景觀)	절강(浙江)성 항주(杭州)시		2011.6.
30	원상도 유적 (元上都遺址)	내몽골(内蒙古)자치구 석림곽락맹정 난기(錫林郭勒盟正藍旗, 시린궈러멍 정란치)초원		2012.6
31	홍하하니제전문화경관 (紅河哈尼梯田文化觀)	운남(雲南)성 홍하하니족이족(紅河 哈尼族彝族)자치주		2013.6
32	대운하(大運河)	북경(北京)시, 천진(天津)시, 하북(河 北)성, 산동(山東)성, 하남(河南), 안휘 (安徽)성, 강소(江蘇)성, 절강(浙江)성		2014.6
33	실크로드(絲綢之路): 장안(長安, 창안) – 천 산회랑 도로망(天山廊 道路網)	하남(河南)성, 섬서(陝西)성, 하남(河 南), 섬서(陝西)성, 감숙(甘肅)성, 신 강(新疆)위구르자치구		2014.6
34	토사(土司, 투쓰)유적	호남(湖南)성, 상서토가족묘족(湘西 (샹시)土家族苗族)자치주, 호북(湖 北)성 은시토가족묘족(恩施(언스)土 家族苗族)자치주, 귀주(貴州)성 준의 (遵義, 쭌이)시	노사성 유적(老司(라오 쓰)城遺址), 당애토성 유 적(唐崖土司(탕야투 쓰)城址), 해용둔(海龍 屯, 하이룽툰)	2015.7
35	좌강화산 암벽화 문화 경관(左江(쭤지앙)花 山岩畫文化景觀)	광서장족(廣西壯族)자치구 숭좌(崇 左, 충쥐)시		2016.7
36	고낭서 역사 국제단지 (鼓浪嶼(구랑위) 曆史 國際社區)	복건(福建)성 하문(廈門, 샤먼)시		2017.7
세계자연유산(世界自然遺産)				
1	황룡풍경명승구(黃龍 (황룡)風景名勝區)	사천(四川, 사천)성, 송반(松潘, 쑹판)현		1992.12
2	구채구풍경명승구(九 寨溝(지우자이거우) 風景名勝區)	사천(四川)성 구채구(九寨溝, 지우자 이거우)현		1992.12
3	무릉원풍경명승구(武 陵源(우링위앤)風景 名勝區)	호남(湖南, 후난)성 장가계(張家界, 짱쟈졔)시		1992.12
4	운남 삼강병류 보호지 (雲南三江並流保護地)	운남(雲南)성 려장(麗江, 리장앙)시, 적경장족(迪慶藏族, 디칭티베트족) 자치주, 노강율속족(怒江傈僳族, 누 지앙율속족)자치주		2003.7

	명칭	소재지	내용	지정연도
5	사천판다곰서식지 (四川大熊貓棲息地)	사천(四川)성 성도(成都, 청두)시, 아바장족(阿壩藏族) 강족(羌族)자치구, 아안(雅安, 야안)시, 감자(甘孜, 간쯔)현		2006.7
6	중국 남방카르스트 (中國南方喀斯特)	1단계(一期): 운남(雲南)성 석림이족(石林彝族, 스린이족)자치현, 귀주(貴州)성 여파(荔波, 리보)현, 중경무릉(重慶武隆, 충칭우룽)현 2단계(2期): 광서장족(廣西壯族)자치구 귀림(貴林, 구이린)시, 귀주(貴州)성 시병(施秉, 스빙)현, 중경(重慶)시 남천(南川, 난촨)구, 광서장족(廣西壯族)자치구 환강모남족(環江毛南族)자치현	운남석림(雲南石林), 귀주려파(貴州荔波), 중경무릉(重慶武隆, 우룽), 광서계림(廣西桂林), 귀주시병(貴州施秉), 중경금불산(重慶金佛山), 광서환강칠지(廣西環江七地)의카르스(喀斯特)	2007.6一期, 2014.6二期
7	삼청산국가공원(三清山(산칭산)國家公園)	강서(江西)성 상요(上饒, 상라오)시		2008.7
8	중국단하(中國丹霞, 중국 붉은 노을)	귀주(貴州)성 적수(赤水, 츠수)시, 복건(福建)성 태녕(泰寧, 타이닝)현, 호남(湖南)성 랑산(崀山, 랑산)진, 광동(廣東)성 단하산(丹霞山, 단샤산), 강서(江西)성 상요(上饒, 상라오)시, 절강(浙江, 저저우)성 구주(衢州, 취저우)시 강랑산(江郎山, 지앙랑산)	적수단하(赤水丹霞), 태녕단하(泰寧丹霞), 랑산단하(崀山丹霞), 단하산(丹霞山), 강랑산단하(江郎山丹霞)	2010.8
9	징강화석유적(澄江(청지앙)化石遺址)	운남(雲南)성 징강(澄江)현		2012.7
10	신강천산(新疆天山, 신지앙톈산)	신강위구르(新疆維吾爾)자치구 천산산맥(天山山脈)의 동쪽 부분		2013.6
11	호북신농가(湖北神農架, 호북선농쟈)	호북(湖北)성 신농가임구(神農架林區)	신농가-바동(神農架-巴東), 노군산(老君山, 라오쥔산)	2016.7
12	청해가가서리 (青海可可西里)	청해(青海)성 위수장족(玉樹藏族)자치주		2017.7
세계복합유산(世界複合遺產)				
1	태산(泰山, 타이산)	산동(山東)성 태안(泰安, 타이안)시		1987.12
2	황산(黃山)	안휘(安徽, 안후이)성 황산(黃山)시		1990.12
3	아미산-낙산대불(峨眉山-樂山大佛, 어메이산-러산대불)	사천(四川)성 낙산(樂山, 러산)시(아미산(峨眉山)시를 포함)		1996.12
4	무이산(武夷山, 우이산)	복건(福建, 푸젠)성 무이산(武夷山市, 우이산)시		1999.12

출처: 中國世界遺產網(http://www.whcn.org/) 참조

위의 표와 같이 중국의 세계유산에는 중국의 산수와 제전(祭殿), 종유동(鐘乳洞), 사당(祠堂), 전당(殿堂), 석굴(石窟) 등이 있을 뿐만 아니라 황가원림(皇家園林), 정교한 민가도 포함되어 있다. 이들 문화유산에는 미학에 대한 중국인들의 독특한 심미관이 응집되어 있을 뿐만 아니라, 중국인의 신앙과 정취도 깃들어 있다. 특히 중국의 세계문화유산에는 고구려 왕성, 왕릉 및 귀족고분(高句麗王城, 王陵及貴族墓葬)도 포함되어 있다. 5세기 초까지 고구려의 수도였던 중국 집안(集安, 지안) 일대와 요녕(遼寧)성 환인(桓仁)현 경내에는 수많은 고구려 고분이 곳곳에 산재해 있다. 그중 2004년 7월 세계문화유산으로 등재된 고구려 왕성, 왕릉 및 귀족고분은 오녀산성(五女山城), 고구려의 수도를 지켰던 2대 성곽인 국내성(國內城)과 환도산성(丸都山城), 12기의 왕릉, 26기의 귀족무덤, 호태왕비(好太王碑)와 장군분1호배총(將軍坟1號陪塚)이 포함되어 있다.

중국 길림(吉林)성 집안(集安)시에 위치한 장군총

세계유산 외에도 중국은 각 지역과 도시마다 명승지 또는 자연경관보호구를 지정하여 관광산업의 자원으로 활용하고 있다. 이에 해당하는 국가중점풍경명승구(國家重點風景名勝區) 208곳, 국가지질공원(國家地質公園) 182곳, 국가급자원보호구(國家級資源保護區) 329곳, 국가삼림공원(國家森林公園) 710곳, 국가역사문화도시(國家歷史文化城市) 113곳, 국가5A급 관광지구(國家5A級旅遊景區) 95곳, 중국우수관광도시(中國優秀旅遊城市) 339곳 및 전국중점문물보호단위(全國重點文物保護單位) 2,351곳 등은 각 지역의 주요 명승지와 문화유적지를 포함하여 관광산업의 주요 자원이 되고 있다.

중국의 인문관광자원 중 중국을 대표하는 명승지로 꼽히는 북경(北京)의 만리장성(長城)과 고궁박물원(故宮博物院), 계림산수(桂林山水, 구이린산수), 항주서호(杭州西湖, 항저우시후), 소주원림(蘇州園林, 쑤저우원림), 안휘 황산(安徽黃山), 장강삼협(長江三峽, 창지앙싼샤), 승덕피서산장(承德避署山莊, 청더피서산장), 서안병마용(西安兵馬俑)은 최고의 명성을 자랑하는 중국의 관광자원이다.

제1절 중국의 인문자원과 관광

관광자원이란 관광의 주체인 관광객으로 하여금 관광 동기나 관광의욕을 일으키게 하는 목적물인 관광대상을 가리키는 말이다. 관광자원은 또한 자연관광자원과 인문관광자원으로 나눌 수 있다. 자연관광자원은 산악, 구릉, 해양, 하천, 호수, 산림, 수목, 화초, 동물, 온천 등 자연 지질(地質)적 요인으로 구성된 자연경관을 말하며, 인문관광자원은 문화적 · 사회적 자원으로서 건축물, 사적, 예술품, 민속, 문화적 시설, 관광시설, 유무형문화재 등이 포함된다. 그 외에 외국인 관광객에게 인식시켜 타국과의 경제, 무역 및 기술교류에 직접, 간접으로 기여시키고자 하는 데서 비롯된 산업관광(industrial tourism)이 발달함에 따라 공장, 산업시설들이 산업관광자원으로 등장하고 있으며, 의료 목적으로 방문하는 의료관광자원 등이 있다.

인문관광자원이란 인류의 활동으로 인해 생성 개발된 것에 관광객이 흥미를 가지고 체류하게 되는 모든 사물을 말한다. 따라서 그 범위가 방대하며 유형 또한 다양하다. 언어, 문자, 문화, 건축물, 역사적 유물 등 모두가 인문자원으로서 관광자원이 될 가능성이 매우 높다.

그중 많은 건축물과 역사적 유물을 보유하고 있고, 역사적으로 여러 왕조의 도읍지로 특정시기의 정치, 경제, 문화의 중심지로서 대규모 건축을 진행했던 중국의 7대 고도(古都)는 특정시기의 최고 성과를 이루기도 했다. 이 지역의 인문자원을 이해하기 위해서는 우선 이 지역이 가지고 있는 역사적·지리적 의의를 이해해야 한다.

7대 고도(古都)란 서안(西安, 시안), 북경(北京, 베이징), 낙양(洛陽, 뤄양), 남경(南京, 난징), 개봉(開封, 카이펑), 항주(杭州, 항저우), 안양(安陽, 안양) 등을 말하며, 중국 역사상 국가의 중심지인 수도로서의 유서 깊은 지역을 뜻한다. 중국의 고도(古都)에 관한 연구는 1983년 서안(西安)에서 설립된 중국고도학회(中國古都學會)가 중국 도시(都市)사 연구 면에서 최대 규모를 자랑하며, 매년 7대 고도(古都) 중 한 곳을 택해 학술회의를 개최하고 있다. 또한 이 학회는 매년『중국고도연구(中國古都研究)』를 간행하고 있다.

1. 서안(西安, 시안)

장안이라 불렸던 서안은 중국 고대에서 중세까지 가장 역사가 깊은 고도(古都)이며, 도읍지로서의 역사가 1000년이 넘는다.

서안시 장안구에 위치했던 서주시대의 수도 호경(鎬京)은 중국 최초로 경(京)을 사용했던 도성(都城)이었다. 춘추전국시대 최초의 통일왕조였던 진나라의 수도 함양(咸陽)이 이곳에 자리했고, 그 후 서한(西漢)의 수도 역시 이곳에 자리했었다. 비록 동한(東漢)이 세워질 당시 전쟁으로 인해 서안은 초토화되면서 낙양(洛陽)에 수도의 자리를 내주었지만 서진(西晉)시기에 다시 수도가 되기도 했다. 이후에도 관서, 관중 지역의 중심지로서 중요한 위치를 차지했다.

서안(西安)은 오호십육국시대에는 전조(前趙), 전진(前秦), 후진(後秦), 서위(西魏)의 수도가 되었다. 서위에서 북주(北周)까지 전한대(前漢) 장안을 수도로 삼았으나 수(隋)나라 때 수문제가 전한대 장안성에서 자리를 조금 옮겨 대흥성(大興城)을 쌓았고, 당(唐)나라 때 대흥성이 다시 장안으로 개칭되어 수(隋)·당(唐)대 장안의 역할을 했다. 그러나 당나라가 망하면서 수·당대 장안성은 완전히 해체되었고, 그 후 지력의 쇠퇴가 겹치면서 다시는 수도의 역할을 하지 못하게 된다. 하지만 서안은 우리가 흔히 아는 병마용갱과 진시황릉 외에도 고도로서의 여러 가지 역사적 흔적을 엿볼 수 있는 곳이다.

2. 낙양(洛陽, 뤄양)

낙양(洛陽)은 황하의 지류인 낙수가 남쪽에 흐르고 있어 '낙(洛)' 또는 '낙읍(洛邑)'으로 불렸다. 또한 도시의 입지가 워낙에 좋아서 전설적 왕조인 하나라 때부터 주요 도시로 거론되던 곳이다. 기원전 1046년 은(殷)이 멸망하고 서주(西周)가 세워지면서 전성기를 누렸지만 내부모순이 격화되면서 주(周)나라 유왕(幽王)이 살해되고 평왕(平王)이 등극하면서 수도를 호경(鎬京)에서 낙읍(洛邑)으로 천도했다. 역사적으로 동쪽으로 천도한 시기부터 주왕조(周王朝)는 동주(東周)라 불린다. 그 후 동한(東漢)과 오호십육국시대 초기에도 낙양은 수도로 번창하였으나 이민족들에 의해 파괴되었다. 그러나 여전히 낙양은 대도시 중 한 곳으로, 몇 번이나 동진의 북벌 목표가 되었다. 그리고 북위의 효문제(孝文帝)에 의해 이전보다 더 큰 대도시로 확충되어 수도가 되었다. 이

후 북위가 분열되고, 서안을 수도로 한 수나라에 의해 재통일되었지만 여전히 낙양은 제2수도, 즉 '동도(東都)'로 불리며 때때로 황제와 조정이 이동하여 정무를 보는 곳이기도 했다. 이후 오대십국시대에 후량(後梁)은 이 지역을 서도 (西都) 하남부(河南府)로 삼고 제2수도로 삼았으며, 후량을 멸망시킨 후당(後唐)도 이곳을 수도로 삼았다. 그 후 낙양은 수도의 운명을 다하였으나 중국 삼천여 년의 문명 제도왕성(帝都王城)으로, 1952년부터 발굴을 시작한 '이리두유적(二里頭遺址, 얼리터우이즈)'과 중국 3대 석굴 중 하나인 용문석굴 등으로 유명하다.

3. 남경(南京, 난징)

진시황은 천하를 순행하면서 이 지역이 제왕의 기운이 느껴진다 하여 소나무를 빽빽이 심고 '금릉(金陵)'이라 불리던 남경을 '말릉(末陵)'이라고 이름을 바꿨다. 남경이 수도가 된 것은 삼국시대 손오(孫吳)에 의해서이다. 손권은 이 지역을 수도로 삼고 이름도 나라를 세운다는 의미의 '건업(建鄴)'으로 바꿨다.

이때부터 남경(南京, 난징)은 강남 지역에 세워진 한족 왕조인 육조시대 즉 동진(東晉), 남조(南朝)의 송(宋), 제(齊), 양(梁)의 주 무대가 되었다. 이 과정에서 서진(西晉) 민제(愍帝)의 이름인 사마업(司馬鄴)의 피휘를 위해 '건업(建鄴)'은 건강(建康)으로 개칭된다. 그리고 통일왕조인 당나라시기에 이름이 다시 금릉(金陵)으로 불리었고, 오대십국시대에는 십국에 속하는 남오(南吳)와 남당(南唐)의 수도가 되기도 했다.

그 후 1368년 주원장(朱元璋)이 명나라를 세우고 수도를 이곳으로 정하여 이곳은 정치, 경제, 문화의 중심지가 되었다. 이때 북평(北平, 베이핑)을 '북경 (北京)'이라 부르면서 이 지역이 자연스럽게 '남경(南京)'이라 불리게 되었다. 그러나 영락제가 수도를 북경으로 천도하면서 제2수도가 되었고, 이후 북경이 완전한 수도로 확정되면서 수도의 자리에서 밀려난다. 1911년 12월 29일 중화민국이 세워지고 중화민국임시정부가 남경에서 설립되었으며, 1927년 4월 18일 남경국민정부가 설립되면서 남경은 다시금 수도가 되었으나 1949년부터 직할(直轄)시가 되었다.

4. 북경(北京, 베이징)

북경의 약칭은 '경(京)'이며, 중화인민공화국의 수도이다. 북경은 직할시이자 국가 중심도시로서 중국의 정치, 경제, 문화, 국제교류의 중심지이다. 또한 중국공산당 중앙위원회, 중화인민공화국 중앙인민정부, 전국인민대표대회, 중국인민정치협상회의 전국위원회, 중화인민공화국 중앙군사위원회의 소재지이다.

북경은 화북평원 북부에 있으며, 천진(天津, 톈진)시, 허베이(河北)성과 이웃하고 있다. 북경은 전형적인 북온대 대륙성 계절풍 기후이다.

북경은 기원전 1045년에 이미 계(薊), 연(燕) 등 제후국들의 도성(都城)이었으며, 서기 938년 이후 북경은 요(遼)의 배도(陪都), 금(金)의 중도(中都), 원(元)의 대도(大都), 명·청(明·淸)대의 국도(國都)였다. 그 후 1949년 10월 1일 중화인민공화국의 수도가 되어 오늘날까지 중국의 수도가 되고 있다.

북경은 많은 세계문화유산을 보유한 도시로서, 3천 년 역사가 남긴 북경고궁(北京古宮), 천단(天壇), 팔달령장성(八達嶺長城), 이화원(頤和園) 등을 비롯한 많은 인문자원을 보유하고 있다.

5. 항주(杭州, 항저우)

중국에서 가장 아름다운 도시 항주(杭州)는 중국의 7대 고도 중 하나이며, 절강(浙江)성의 성 소재지 즉 성도(省都)이다. 중국 동남부 연해지역 절강(浙江, 저지앙)성 북부에 있으며, 절강성의 정치, 경제, 문화, 교육, 교통, 금융의 중심지이다.

항주(杭州, 항저우)는 진(秦)나라 때 현(縣)이 설치된 이후 7세기 수(隋)나라가 건설한 대운하의 중심이자, 오월국(吳越國)과 남송(南宋)의 도성(都城)이었다. 또한 풍경이 수려하다 하여 '지상천국(人間天國)'이라는 명성을 가지고 있다.

항저우에는 많은 인문자원이 있으며, 서호(西湖, 시후)와 그 주변에는 많은 자연과 인문경관유적이 있다. 그중 독특한 문화를 가지고 있는 서호(西湖)문화와 실크(絲綢)문화, 차(茶)문화 및 오래전부터 전해져 내려온 많은 이야기와 전설들은 항주문화를 대변하고 있다. 특히 서호는 백거이와 소동파 등 많은 문인들의 사랑을 받아온 호수로 항주의 상징이기도 하다.

6. 개봉(開封, 카이펑)

개봉(開封)은 중국 역사상 전국(戰國)시기의 위(魏), 오대(五代)시기의 후량(後梁), 후진(後晋), 후한(後漢), 후주(後周) 그리고 북송(北宋)과 금(金)의 도읍지였다. 개봉은 고대에 대량(大梁), 진류(陳留), 동경(東京), 변경(汴京), 변량(汴梁) 등으로 불리었으며, 중국 7대 고도(古都) 중 하나로 하남(河南)성 동쪽에 있다. 지리적으로는 양자강(揚子江, 양쯔강)과 황하를 잇는 대운하 남부구간의 북쪽 종점이고, 황하에서 북경(北京)까지 이어지는 대운하(大運河) 북부구간의 출발점에 있다. 상주인구는 2015년까지 대략 454.26만 명 정도였다.

개봉은 세계에서 도시의 중축선(中軸線)이 지금까지 변동이 없는 유일한 도시이다. 북송 때 동경(東京)이라 불렀으며 당시 '하늘 아래 변경(汴京)의 부유함과 화려함을 능가하는 도시는 없다(汴京富丽天下无)'라는 명성을 가지고 있을 정도였다. 북송 때 유명한 청백리였던 포청천(包靑天)이 활약했던 곳도 바로 당시 동경으로 불리던 개봉이다. 개봉박물관 앞에 포청천의 이름을 딴 포공호(包公湖) 주변에는 개봉부(開封府, 카이펑부), 포공사(包公祠), 대상국사(大相國寺) 등 유명한 관광자원들이 산재해 있다.

7. 안양(安陽, 안양)

안양은 중국 하남(河南)성의 북부, 태행산맥(太行山脈, 타이항산맥)의 동쪽에 위치한 도시이다. 고대에는 은(殷), 업(鄴), 상주(相州), 창덕부(彰德府) 등으로 불리었다.

중국 7대 고도 중 하나로 상(商)나라, 조위(曹魏), 후조(后趙), 염위(冉魏), 전연(前燕), 동위(東魏), 북제(北齊) 등 7조(朝)가 이곳을 도읍으로 삼았다.

부근에는 후강(後岡)을 비롯하여 신석기시대 이래의 유적이 많이 있다. 안양은허(安陽殷墟)는 갑골문(甲骨文)의 발굴지이자 주역(周易)의 발원지로서 은허(殷墟)와 중국대운하(中國大運河)는 세계문화유산으로 등재되어 있다.

제2절 중국의 자연관광자원과 복합관광자원

중국의 자연관광자원은 그야말로 방대하고 풍부하다. 세계자연유산으로 지정된 황룡풍경명승구(黃龍風景名勝區, 황룽풍경명승구), 구채구풍경명승구(九寨溝風景名勝區, 지우자이거우풍경명승구), 무릉원풍경명승구(武陵源風景名勝區, 우링위안풍경명승구), 운남삼강병류보호구(雲南三江並流保護區, 윈난산지앙병류보호구), 사천자이언트판다서식지(四川大熊貓棲息地, 쓰촨자이언트판다서식지), 중국남방카르스터(中國南方喀斯特), 삼청산국가공원(三淸山國家公園, 산칭산국가공원), 중국단하(中國丹霞, 중국붉은노을), 징강화석유적지(澄江化石遺址, 청지앙화석유적), 신강천산(新疆天山, 신지앙톈산), 호북신농가(湖北神農架, 후베이선눙쟈), 청해가가서리(青海可可西里, 칭하이커커시리)와 세계복합자연유산으로 등재된 태산(泰山, 타이산), 황산(黃山), 아미산낙산대불(峨眉山樂山大佛, 어메이산러산대불), 무이산(武夷山, 우이산) 외에 계림산수(桂林山水, 구이린산수), 구화산(九華山, 지우화산) 등 수많은 자연관광자원을 보유하고 있다.

1. 구채구풍경명승구(九寨溝風景名勝區, 지우자이거우풍경명승구)

구채구풍경명승구는 사천(四川, 쓰촨)성 북부 아바장족강족(阿壩藏族羌族, 아빠티베트족 치앙족)자치주, 구채구(九寨溝, 지우자이거우)현(縣)에 있다. 이 지역은 카르스트(喀斯特) 담수호수지대로 청장(青藏, 칭장)고원 동남부의 가얼나산봉(尕爾納山峰) 북쪽 기슭, 해발 2,000~3,106m 사이 100여 개의 호수가 밀집해 있는 계곡지역이다. 면적은 약 620km²이며, 약 52%의 면적이 원시림으로 덮여 있어 수많은 동식물들이 서식하고 있으며, 들창코원숭이(金絲猴), 백진록(白脣鹿, 언지희사슴) 등의 동물들이 살고 있다.

구채구 풍경

계곡은 Y자 모양으로 산에서 흘러나온 물이 폭포를 만들어 계단식의 호수와 늪으로 연결된다. 물은 투명하고, 낮에는 청색, 저녁에는 오렌지 등의 다채롭고 독특한 색을 보여준다. 이 독특한 경관은 물에 포함된 다량의 석회암 성분이 반사되어 만들어낸 아름다운 경관이다. 구채구(九寨溝)는 소수민족인 티베트족의 거주지이다. 구채구(九寨溝)라는 명칭은 9개의 티베트족 마을이 있는 계곡이라는 의미로 1970년대에 발견되었다. 구채구풍경명승구는 1992년 UNESCO 세계자연유산으로 등재되었고, 2007년 5월 인근 황룡사(黃龍寺)를 포함하여 국가 66개 5A급 관광단지(旅遊景區)의 하나로 지정되었다.

2. 무릉원풍경명승구(武陵源風景名勝區, 우링위안풍경명승구)

무릉원풍경명승구는 호남성(湖南省) 장가계(張家界)시의 무릉산맥(武陵山脈) 중단(中段) 상식(桑植, 쌍즈)현과 자리(慈利, 츠리)현 두 현(縣)의 경계지점에 있다.

현지의 전설에 따르면 이곳은 한고조(漢高祖) 유방(劉邦)의 공신 장량(張良)이 은신했던 곳이라고 한다. 이 지역의 주민은 소수민족인 토가족(土家族, 투지아족), 묘족(苗族, 먀오족), 백족(白族, 바이족)이며 현재까지 민족전통과 관습을 잘 유지하고 있다. 무릉원(武陵源)풍경명승구는 1992년 12월 UNESCO의 세계자연유산에 등재되었다. 또한 2004년 2월 세계지질공원으로 지정되었다.

주요 명소로는 황석채(黃石寨, 황스자이), 남천일주(南天一柱), 천하제일교(天下第一橋), 황룡동굴(黃龍洞), 보봉호(寶峰湖, 바오펑호), 천자산(天子山, 텐스산) 등이 있다.

황석채는 해발 1,300m의 봉우리로, 깎아지른 듯한 절벽과 달리 정상은 250무(畝)에 달하는 평지로 되어 있다. 또한 장가계(張家界) 삼림공원의 최대 전망대이자 장가계 삼림공원의 아름다운 모습을 한눈에 볼 수 있는 장소이다.

천하제일교는 자연적으로 형성된 다리로, 너비 3m, 길이 40m, 두께 15m이다. 계곡 위의 357m 상공에 위치하여 두 산봉우리를 이어준다. 남천일주는 높이 300m의 사암(砂巖)기둥으로, 천하제일교와 함께 장가계삼림공원 내에 있다.

장가계의 아름다운 바위들로 유명한 천자산(天子山)은 원래 청암산(靑巖山)이라 불렸으나 유방에게 반기를 든 토가족 농민 지도자 향왕(向王)이 스스로 천자(天子)라 칭한 데서 '천자산'이라 불리게 되었다고 한다. 천자산의 주봉인 곤륜봉(昆侖峰, 쿤룬봉)의 높이는 1,200m가 넘으며, 구름이 짙게 드리워 있어 신비로운 느낌을 준다. 높이 335m의 백룡 엘리베이터가 설치되어 있어 관광이 용이하다. 어필봉(御筆峰, 위비펑)은 천자산 내 주요 볼거리로, 돌 봉우리 위에 소나무가 있는 모습이 마치 붓과 같다고 하여 어필봉(御筆峰, 위비펑)이라 불린다.

천자산 남동쪽에 위치한 황룡동굴은 4개 층으로 구성된 대형 석회동굴로, 13개의 널찍한 홀과 96개의 복도, 3개의 폭포가 이곳에 있다. 동굴 깊이는 15km, 총면적은 20헥타르(ha)에 달하며, 면적이 1,600km^{2}에 달하는 대형 홀인 용궁(龍宮)과 높이 19.2m의 대형 석순인 '정해신침(定海神針)' 등 다양한 볼거리가 있다.

무릉원

보봉호(寶峰湖)는 급수와 홍수 조절을 위해 골짜기를 막아 조성한 인공호수로, 길이는 약 2.5km, 수심은 72m 정도이다. 호수를 산이 둘러싸고 호수 내에 섬이 있어 아름다운 풍경을 연출한다.

3. 사천자이언트판다서식지(四川大熊貓棲息地, 쓰촨자이언트판다서식지)

사천자이언트판다서식지(四川大熊貓棲息地)는 중국 사천(四川) 지역에 있는 판다보호구역이다. 면적은 924,500헥타르(ha)이며 7개의 자연보호구와 9개의 관광구역이 있다. 멸종 위기에 있는 세계 판다의 30% 이상이 이 지역에 서식하고 있다. 그 밖에 너구리판다(小熊貓), 눈표범(雪豹), 타킨(牛羚), 들창코원숭이(金絲猴) 등의 희귀동물들도 서식하고 있다. 또한 식물군도 매우 풍부하여 5,000~6,000종의 식물이 분포되어 있다. 2006년 7월 12일 유네스코(UNESCO)에서 세계자연유산으로 지정되었다.

사천자이언트판다곰

4. 계림산수(桂林山水, 구이린산수)

중국 서남부의 광서장족(廣西壯族)자치구에 위치한 계림(桂林)시는 기후가 온화하고 습윤하여 겨울에는 엄동(嚴冬)이 없고, 여름에는 혹서(酷暑)가 없으며 연평균 기온이 19℃로 사계절이 푸르다.

지질연구에 의하면 약 3억 년 전의 계림은 원래 바다였는데 지각(地殼)운동으로 침적된 석회암석이 상승하며 육지로 되었다고 한다. 그 후 풍화와 용식작용으로 선인(仙人)모양의 아름다운 산봉과 아늑하고 수려한 동굴, 신비하고 깊이를 알 수 없는 지하수를 형성하게 되었다. 이런 특수한 지형과 천태만상의 이강(漓江)은 그 주변의 경관과 함께 늘 푸른 산, 맑고 깨끗한 물, 기이한 동굴, 아름다운 돌들을 선사하며 산청수수석미(山淸秀水石美)의 '계림산수(桂林山水)'를 형성하여 '계림산수 갑천하(桂林山水甲天下, 계림산수 천하제일)'라는 미명을 가지고 있다. 따라서 역대 문인들이 계림산수의 아름다움을 노래한 시들이 비석과 암석, 석상, 동굴 등에 많이 남아 있다.

계림은 곳곳이 아름다운 경관으로 이루어져 있어, 계림의 경치를 구경하노라면 마치 그림 속을 거니는 듯하다. 계림의 임석산(林石山)은 석회암으로 이루어진 기이한 산새들로 주위에는 많은 계곡들이 있어 침식작용으로 낙석동궁들이 형성되어 있다.

계림산수

계림칠성암(桂林七星巖)에 있는 5개 동굴에는 종유석(鐘乳石), 석순(石笋), 석막(石幕)들이 형성되어 있으며, 용(龍), 비봉(飛鳳), 과일, 꽃 등 여러 형태를 하고 있다. 계림은 산과 물이 선사한 아름다운 풍경으로 2016년 6월 23일 중국 남방카르스트(中國南方喀斯特) 제2기 추가신청에서 세계자연유산에 등재되었다.

5. 신강천산(新疆天山, 신지앙톈산)

신강천산(新疆天山)은 중국 신강위구르자치구(新疆維吾爾自治區)의 천산산맥(天山山脈, 톈산산맥) 동쪽 지역에 위치한 탁목이봉(托木爾峰, 퉈무얼), 객납준(喀拉峻, 카라준)~고이덕녕(庫爾德寧, 쿠얼더닝), 파음포노극(巴音布魯克, 바인부루커), 박격달(博格達, 보거다) 등 4개 구역으로 구성되어 있다. 동서로 약 1,760km에 걸쳐 빼어난 자연경관과 생물학적, 생태학적 진화과정을 간직한 곳이다. 이곳에는 고유종 및 유존종(留存種: relic species, 지질시대에 번성하였던 생물이 지구상의 일부 지역에 현재까지도 생존하고 있는 종) 식물의 중요한 서식지이기도 하며, 그중 일부는 희귀하거나 멸종 위기에 처해 있다.

전체 면적 606,833ha에 달하는 신강천산은 경이로운 설산의 만년설이 덮인 봉우리와 교란되지 않은 자연 그대로의 산림 및 고산 초원, 맑고 투명한 강과 호수, 붉은 퇴적암층 계곡 등을 포함하여 독특한 자연지리학적 지형과 아름다운 경관지역으로 유명하다. 이처럼 더운 환경과 추운 환경, 메마르고 건조한 환경과 습한 환경, 황량한 환경과 울창한 환경들이 어우러져, 경이롭고 아름다운 풍경을 선사하고 있다.

신강천산은 2013년 6월 유네스코(UNESCO) 세계자연유산으로 등재되었다.

신강천산

6. 삼청산국가공원(三淸山國家公園, 산칭산국가공원)

삼청산은 중국 강서성(江西省) 북동쪽 옥산(玉山, 위산)현과 덕흥(德興, 더싱) 시의 경계에 있는 산이다. 이 산의 옥경봉(玉京峰, 위징봉), 옥허봉(玉虛峰, 위쉬봉), 옥화봉(玉華峰, 위화봉) 3봉(三峰)이 마치 도교의 신선 중 최고 삼위존 신(三位尊神)인 옥청원시천존(玉淸原始天尊), 상청영보천존(上淸靈寶天尊), 태청도덕천존(太淸道德天尊)이 나란히 앉아 있는 형상을 하고 있다 하여 삼 청산이라 이름하게 되었다. 삼청산에는 인간이나 동물 형상을 한 48개의 환상 적인 화강암 봉우리와 89개의 화강암기둥이 있으며, 1,000여 종의 식물과 800여 종의 동물들이 살고 있다. 주봉인 옥경봉(玉京峰)은 해발 1,817m에 달하며, 울창한 삼림과 60m 높이의 폭포를 비롯한 수많은 폭포, 호수, 샘들이 아름다 움을 자랑하고 있다. 삼청산에는 남천원(南淸園), 삼청궁(三淸宮), 제운령 (梯雲嶺), 옥령관(玉靈觀), 삼동구(三洞口), 빙옥동(氷玉洞), 석고령(石鼓嶺)

등 1,500여 곳의 자연경관과 인문경관이 보유되어 있다.

삼청산은 또한 '천하무쌍의 복지(天下無雙福地)' 또는 '강남 제일의 선봉(江南第一仙峰)'이라 불리는 도교의 명산으로, 2008년 유네스코 세계자연유산으로 등재되었으며, 현재 세계지질공원, 중국국가자연유산, 국가지질공원으로 지정되어 있다.

삼청산

7. 무이산(武夷山, 우이산)

무이산(武夷山)은 자연관광자원과 인문자원이 함께 어우러진 아름다운 곳이다. 선설에 따르면 요(堯)임금시대에 팽조(彭祖) 저갱(籛鏗)이 무이산의 만정봉(慢亭峰, 만팅봉)에 은거하였다고 한다. 팽조의 큰아들 팽무(彭武)와 둘째 아들 팽이(彭夷) 두 사람은 당시 홍수로 피해 입은 백성들을 걱정하여 아홉 굽이의 강을 파서 물길을 냈는데, 이를 구곡계곡(九曲溪, 지우취시)이라 불렀다. 무이산이란 명칭도 팽무와 팽이의 이름에서 따온 것이라고 한다.

무이산은 사면이 모두 계곡이어서 다른 산맥과 이어지지 않는 독립된 산으로 밖으로는 작은 산들이 무이산을 에워싸고 있다. 구곡계곡에는 36개의 연봉(連峰)으로 이루어진 산들이 하천과 서로 어우러져 기묘한 변화를 끊임없이 빚어내면서 '벽수단산(璧水丹山)'의 아름다운 풍경을 이룬다. 길이 7.5km의 구곡계곡은 삼보산(三保山, 싼바오산)에서 발원하여 숭양계곡(崇陽溪, 충양시)으로 흘러든다. 또한 오랜 세월을 거치면서 이곳에는 187개의 사(寺), 묘(廟), 사(祠), 원(院), 장(莊), 실(室) 등과 117개의 정(亭), 대(臺), 루(樓), 각(閣) 등이 축조되었다. 이런 인문자원들은 무이산을 찾는 관광객들에게 늘 새롭고 아름다운 풍경을 선사하고 있다.

　　무이산(武夷山)은 1999년 유네스코 세계복합유산으로 등재되었다.

무이산

8. 아미산낙산대불(蛾眉山 樂山大佛, 어메이산 러산대불)

아미산(峨眉山)은 서기 1세기에 중국 최초의 불교사찰이 세워진 곳이다. 그 후 다른 사찰들이 더 들어서면서 이곳은 불교 성지 중 하나가 되었다. 수세기 동안 이곳의 문화재는 갈수록 많아졌으며, 그중 가장 뛰어난 것은 8세기에 산자락을 깎아 만든 낙산(樂山, 러산)대불(大佛)이다. 낙산(樂山)대불(大佛)은 세 강이 만나는 지점을 내려다보고 있으며, 높이는 71m로 세계에서 가장 큰 불상이다. 아미산은 아열대(亞熱帶, subtropic)부터 아고산대(亞高山帶, subalpine zone)까지 산림이 분포되어 다양한 식물의 서식처로 유명하다.

낙산대불(樂山大佛)은 또한 능운대불(凌雲大佛, 링윈대불)이라고도 한다. 당나라 때 승려 해통(海通)이 배가 안전하게 지나다니기를 기원하며 조각하기 시작했고, 그가 세상을 떠나자 검남(劍南, 지앤난)의 절도사 위고(韋皋)가 90년에 걸쳐 완성했다.

아미산 낙산대불

낙산대불(樂山大佛)은 민강(岷江, 민장) 강가에 있는 능운산(凌雲山) 서쪽 암벽을 통째로 잘라내 새긴 마애석불로서, 713년 창건된 능운사(凌雲寺, 링윈스)의 본존미륵보살이다. 불상의 규모는 높이 71m, 머리 너비 10m, 어깨 너비 28m에 달한다. 조각 당시에는 금빛과 화려한 빛깔로 장식하였고 13층 목조누각으로 덮어 보호했으나, 누각은 명나라 말기에 불에 타 소실되었다.

낙산대불(樂山大佛)은 1994년 유네스코(UNESCO)에 의해 아미산(峨眉山)과 함께 세계문화유산으로 등재되었다.

9. 구화산(九華山, 지우화산)

구화산은 중국 안휘성(安徽省) 청양(靑陽, 칭양)현에 위치한 산으로 1992년 중국 국가급풍경명승구(國家級風景名勝區)로 지정되었다. 고대에는 능양산(陵陽山, 링양산) 또는 구자산(九子山, 지우즈산)으로 불렸으나 당(唐)나라 이태백에 의해 '구화산(九華山, 지우화산)'이라는 이름이 유래되었다고 한다.

구화봉을 바라본 것을 청양의 위중감에게 주다
(望九華贈青陽韋仲堪)

昔在九江上　전에 구강에서 뱃놀이하며,

遙望九華峰　멀리 구화봉(九華峰, 지우화봉)을 바라봤네.

天河掛綠水　은하수 끝자락이 구강(九江, 지우강)의 푸른 물에 걸처 있고,

秀出九芙蓉　산봉우리는 빼어난 자태를 자랑하는 아홉 부용꽃이 분명하였네.

이 시는 당나라 때 시인 이백이 안휘성 구화산의 모습을 보고 지은 것이다. 지우화산은 산서(山西, 산서)성의 오대산(五台山, 우타이산, 문수(文殊)보살), 절강(浙江, 저지앙)성의 보타산(普陀山, 푸퉈산, 관음보살), 사천(四川, 쓰촨)성의 아미산(峨眉山, 어메이산, 보현보살)과 함께 '중국불교 4대 명산(中國佛敎四大名山)' 중 하나인 지장보살도량(地藏菩薩道場)으로 널리 알려져 있다.

구화산은 대부분 화강암으로 이루어져 있으며 99개의 봉우리로 구성되었다. 산세는 최고봉이 해발 1,342m에 달한다. 산에는 고찰(古刹)과 불상들이 운집해 있으며, 현존 78채의 고찰 중에는 동진(東晉)시기 융안(隆安) 5년(401)에 지어진 화성사(化城寺), 청(淸)대의 혜거사(慧居寺) 등과 1,500여 점의 불상들이 보존되어 있다. 구화산이 중국 불교의 성지가 된 데에는 신라(新羅) 왕족 출신 김교각(金喬覺, 696~794) 스님과도 '직접적인' 관계가 있다. 기록에 의하면, 그는 당 현종 때 구화산으로 들어가 동굴에서 암동서거수행(岩洞棲居修行)을 하였고, 99세를 일기로 타계했다고 한다. 시신은 3년이 지나도 얼굴과 살빛이 살아 있는 뜻 향내음이 가득하였다고 한다. 하여 구화산 일대에 등신불로 모시고 그 위에 법당을 지어, 육신보전(肉身寶殿)이 되었다. 이로부터 구화산은 중국의 대표적인 지장도량이 되었으며, 김교각 스님은 지장보살의 화신으로 오늘날까지 전해지고 있다. 김교각은 생전에 언제 고국인 서라벌로 돌아가시냐고 묻는 말에 "1300년 후에 다시 돌아갈 것이다"라고 대답했다고 한다. 1997년 경주 불국사에서는 스님의 탄신 1300주년을 기념해 구화산 화성사로부터 기증받은 지장보살등상(等像)을 불국사 무설전에 모셨다. 이로써 김교각 스님은 그의 유언대로 자신의 탄생지인 고국 경주에 돌아오게 된 셈이다.

구화산을 주체로 한 구화산풍경명승구(九華山風景名勝區)는 2006년 중국국가중점풍경명승구(中國國家重點風景名勝區)로 선정되었다.

지장보살 김교각 동상

제**3**장 한자와 중국어

문자는 언어를 기록하는 부호이다. 한자는 중국어를 기록하는 문자로써 역사가 가장 오래된 문자 중 하나이다. 세계사에 있는 고대 이집트의 문자인 히에로글리프와 고대 메소포타미아의 쐐기문자는 모두 오래된 문자이지만 지금은 사용되지 않고 있다. 오직 한자만이 지금까지 사용되고 있다. 따라서 한자는 중국문화의 결정체이자 세계문명의 표지라 할 수 있다.

제1절   한자(漢字)

표의문자(表意文字)인 한자는 일반적으로 하나의 한자가 하나의 음절을 표현하며, 역사적으로 기월부터 각 시대의 변화에 따라 각종 한자체(漢字體)를 형성해 왔다. 또한 한자체의 형성과정을 통해 점차적으로 규범화되었다. 현재 중국에서 사용하는 한자는 간체자이지만 대만을 비롯한 한자문화권에서는 여전히 정자체인 번체자를 사용한다.

1. 한자의 기원과 변천과정

자고로 한자의 기원에 대해서는 다양한 설이 있었다. 어떤 이는 끈의 매듭인 결승(結繩)에서 비롯되었다고 하고, 어떤 이는 황제(黃帝)시대의 사관(史官)

인 창힐(蒼頡)이 한자를 만들었다고 했다.

　매듭인 결승설(結繩說)에 대해《주역(周易)》의 〈계사(系辭)〉편에는 "아주 옛날에는 노끈을 묶어 만든 매듭 결승을 이용하여 천하를 다스렸는데, 후대의 성인이 그것을 글자와 부호로 대치하였으니, 관리들이 이것을 가지고 백성을 다스렸고, 만민들은 이것을 가지고 번거로운 일을 살폈다(上古結繩而治, 後世聖人易之以書契, 百官以治, 萬民以察, 蓋取諸夬)."라고 기록했다. 즉 다음 그림과 같이 상고시대에 끈을 묶어 내용이나 숫자를 전달했고, 후세 성인들은 그것을 글자와 부호(書契)로 대체했다는 것이다.

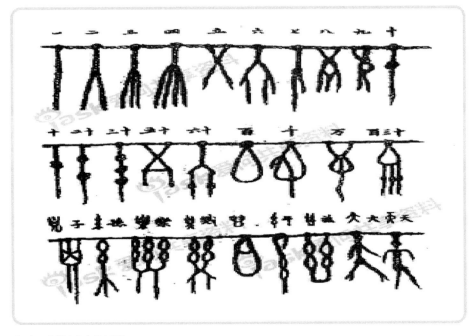

출처: 《中國古文字的起源》

　그 외에 동한(東漢)시기 정현(鄭玄)의 《주역주(周易注)》에는 "큰일은 끈의 매듭을 크게 묶고, 작은 일은 끈의 매듭을 작게 묶었다(结绳为记, 事大, 大结其绳, 事小, 小结其绳)."라는 글로 보아 매듭은 일정한 규칙이 있었음을 알 수 있다.

창힐이 한자를 만들었다는 설은 한(漢)나라 이후 거의 신화에 가깝게 각인되어, 두 쌍의 눈이 있는 창힐의 형상까지 후세에 전해졌다. 창힐은 성이 후강(侯岡)이고 이름은 힐(頡)이었으며, 호는 시황씨(史皇氏)라고 한다. 그는 황제의 사관으로 총명하고 호기심이 많아 거북등의 문양의 뜻을 발견했고 자연을 관찰하여 부호를 만들었다. 또한 그는 자신이 만든 부호를 '자(字)'라 하고 거북등의 문양을 뜻하는 '문(文 또는 紋)'과 합쳐져 '문자'가 되었다고 전해졌었다.

1899년 갑골문(甲骨文)이 발견되기 전까지 사람들은 창힐(蒼頡)이 문자를 만들었다는 전설을 믿었다. 그러나 은허(殷墟)에서 발굴된 유물은 한자가 어느 한 시기, 어느 한 사람에 의해 만들어진 것이 아니라는 사실을 알려주었다. 하남(河南)성 안양(安陽)현 소둔촌(小屯村, 샤오툰촌)에서 발견된 갑골문(甲骨文)은 3000~4000년 전에 거북이 등껍질이나 짐승의 뼈에 새겨 넣은 문자로, 1899년 당시 국자감 제주였던 왕의영(王懿榮)이 처음으로 문자로 보았고, 해석은 1904년부터 시작되었다. 현재까지 파악된 글자는 대략 4,500자 정도이며(현재 소장된 갑골의 수는 중국 97,611편, 대만과 홍콩 30,293편, 국외 12국가에 26,700편을 소장하고 있어 모두 154,604편), 해독되는 글자 수는 1,700자 정도이다.

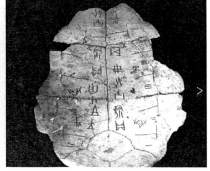

은허에서 출토된 갑골문

갑골문 이후의 한자는 금문(金文), 주문(籀文 또는 大篆), 소전(小篆), 예서(隷書), 초서(草書), 해서(楷書) 등 여러 단계를 거쳐 발전하게 되었다. 서주(西周)시대에는 금문(金文)을 사용했고, 춘추전국시대에는 주문(籀文 또는 大篆)을 사용했다. 그리고 진(秦)나라 시황제가 6국을 통일한 후에는 소전(小篆)을 사용하게 했다. 예서(隷書)는 진나라 때부터 쓰기 시작해서 한(漢)나라 시기에 성행했고, 초서(草書)는 한나라 때 만들어져 진(晉) 왕조시기에 사용했다. 해서(楷書)는 한나라 말기부터 쓰기 시작하여 위진(魏晉)시대 이후에 성행했고, 행서(行書)는 위진 후기부터 쓰기 시작하여 지금까지 전해 내려오고 있다. 하지만 모양은 크게 자연적인 변화와 인위적인 변화의 두 단계를 거치면서 변화했다고 할 수 있다. 그 첫 번째는 진한(秦漢)연간의 예서이다. 갑골문(甲骨文)에서 예서를 사용하기까지 1000여 년 동안은 자연적인 변화 발전과정을 거쳤다. 그 다음은 간화자(簡化字)이다. 지금 사용하는 간화자는 중국정부가 한자를 간화시켜 공식문자로 공포한 것이다.

가장 오래된 문자인 갑골문은 문자라기보다는 그림에 가까웠지만, 문자에 있어 상형(象形), 지사(指事), 가차(假借), 형성(形聲), 회의(會意), 전주(轉注) 등 육서(六書)의 특징을 다 갖추었으며, 문법적 특징 역시 현대 중국어의 틀을 다 갖추었다. 갑골문은 신화 속의 중국역사를 실제의 역사로 부활시켰다. 은허(殷墟)의 갑골문은 상(商)나라 반경(盤庚)이 은허로 도읍을 옮긴 후(BC 1300)부터 주왕(紂王)이 주나라 무왕(武王)에게 멸망하기까지(BC 1046) 사용하던 문자이다. 은나라시기 왕실에서는 사소한 일상부터 제사와 전쟁에 이르기까지 모든 일을 점을 쳐서 결정했는데 거북이 껍질을 이용하여 점을 치고, 점친 내용을 그 옆에 기록해 놓았다. 갑골문은 한자의 도화성(圖畫性)을 거의 그대로 가지고 있어서 원리를 통한 한자 공부에 큰 도움을 준다.

금문(金文)은 청동기물을 만들면서 새겨놓은 글자라고 해서 '청동기(靑銅器)문자'라고도 하고, 종(鐘)이나 정(鼎)에 주로 새겼다고 해서 '종정문(鐘鼎文)'이라고도 한다. 갑골문과 금문은 모두 상나라 때의 문자에 속하지만 금문은 서주(西周)시대를 대표하는 문자이다. 초기의 금문은 문장보다는 부족을 상징하는 부호인 족징(族徵)에서 시작되어 점차 글자 수가 많아지게 되었다.

춘추시대를 거쳐 전국시대에 이르면 동방의 여섯 나라 문자와 주(周)의 옛 도읍지인 함양(咸陽)에 자리 잡았던 진(秦)나라 문자가 크게 달라진다. 동방의 여섯 나라는 진나라에 비해 상대적으로 문명국가였기 때문에 문자 또한 수식성과 장식성을 많이 띠게 된다. 그리고 중국을 통일한(BC 221) 진시황(秦始皇)은 강력한 중앙집권제 국가를 만들기 위해 문자를 통일시켰다. 진시황은 이사(李斯)에게 명하여 주(周)나라의 문자인 대전(大篆)을 기초로 진(秦)나라의 문자인 소전(小篆)을 만들게 했다. 그 후 한나라를 대표하는 문자 예서(隷書), 빨리 쓰는 초서, 행서 등의 서체가 등장했다. 오늘날 흔히 정자(正字)라고 하는 글자체인 해서(楷書)는 한(漢)나라 말기 삼국시대에 태동하여 위진남북조(魏晉南北朝)시대에 들어서면서 점차 성숙되었고, 예서는 점차 쇠하게 되었다. 이후 당(唐)나라에 들어서면서 오늘날과 같은 서법으로 완성되어 당나라를 대표하는 글자가 되었다.

'간화자(簡化字)'는 중화인민공화국 수립 후 자형을 정리하여 공포한 규범 글자체이다. 중국정부는 복잡한 한자가 국민교육에 장애가 된다고 판단하고 문맹퇴치를 목표로 문자개혁을 단행해 1956년 공식적으로 2,238자를 간화하고 사용하게 했다. 간화자는 아무렇게나 간략하게 만든 것이 아니다. 우선 일상에서 많이 쓰이는 글자 중 복잡하다고 판단되는 글자를 선별한 후 나름대로의 규칙을 적용했다. 예전부터 있어 왔던 이체자(異體字)를 이용하는 방법, 정자의 특징 부분만을 남기는 방법, 새로운 회의자나 형성자를 만드는 등의 방법으로 간화(簡化)했다.

한자의 수는 대체로 한 대의 《설문(說文)》에 9,000여 자, 위 · 진 · 남북조 시대의 《옥편(玉篇)》에 2만 자, 송대의 《자전(字典)》에 3만 자, 청대의 《강희자전(康熙字典)》에 4만 5천 자가 수록되었다. 또한 한자는 중국뿐만 아니라 한국과 일본에서도 쓰여 한자문화권을 형성했다. 하여 중국에서 쓰는 한자 이외에 한국과 일본에서만 쓰는 한자를 만들었기 때문에 글자의 수는 더 많다. 중국 최대의 정보기술(IT)기업인 북대방정그룹(北大方正集團)은 세계적으로 한자를 표준화하기 위해 2001년 1월 말에 한국과 일본, 베트남에서만 사용되는 한자를 포함하여 65,000자의 한자를 수록한 데이터베이스를 내놓았다. 중국정부도 그해 9월 국가표준한자를 개정하여 약 4배 증가된 27,500자를 발표했다. 그리고 이 소프트를 탑재하지 않은 프린터의 출하를 금지시켰다.

우리는 이렇게 엄청난 글자 수에 두려움을 느낀다. 또한 그 많은 한자를 어떻게 다 외울 수 있을까 하는 고민을 하게 된다. 그러나 일상에서 그 많은 글자를 다 쓰는 것은 아니다. 한자를 고유문자로 사용하는 중국인들이 문맹퇴치를 위해 정한 간화자는 2,000여 자이며, 그다지 복잡하지 않아 간화시킬 필요가 없는 번체자를 합쳐도 3,300여 자에 불과하다. 즉 중국에서 사는 중국인도 이 정도만 알면 일상생활에 아무런 지장을 받지 않는다는 뜻이다.

한자를 어렵다고만 생각하는 것은 선입견이다. 모르는 글자는 자전을 이용해 찾으면 되고, 찾은 한자는 원리에 입각해 이해하면 된다.

표-5			서체의 비교			
갑골문	금문	전서	예서	행서	초서	해서

2. 육서(六書)의 유래

'육서'는 허신(許愼)이 체계화한 한자의 여섯 가지 분류방법을 말한다. 육서는 《주례(周禮)》에서 최초로 언급되었다. 《주례(周禮)·지관(地官)·보씨(保

氏)》에는 "보씨는 왕이 잘못한 점을 간하고 국자감의 학생을 선왕의 도로써 양성하는 일을 관장하였는데, 육예로써 가르쳤다. 첫째가 오례, 둘째가 육악, 셋째가 오사, 넷째가 오어, 다섯째가 육서, 여섯째가 구수이다(保氏掌諫王惡, 而養國子以道, 乃教之六藝, 一曰五禮, 二曰六樂, 三曰五射, 四曰五馭, 五曰六書, 六曰九數."라고 하여 '육서(六書)'를 언급했지만 명칭만 보일 뿐 구체적인 설명은 없다. 그 후 동한(東漢)에 이르러 반고(班固)는《한서(漢書)·문예지(文藝誌)》에서 "옛날에는 여덟 살에 소학에 들어갔는데 주나라의 관리 보씨가 국자의 교육을 담당하며 소학에 들어온 이들에게 육서를 가르쳤다. 육서는 상형(象形), 상사(象事), 상의(象意), 상성(象聲), 전주(轉注), 가차(假借)로 글자를 만드는 기본 원칙이다(古者八歲入小學, 故《周官》保氏掌養國子, 教之六書, 謂象形, 象事, 象意, 象聲, 轉注, 假借, 造字之本也.)."라고 하여 최초로 육서에 대해 정의를 내렸다. 허신(許愼)은 이를 근거로 육서에 대해 구체적으로 분석했다. 허신(許愼)은《설문해자서(說問解字敍)》에서 "《주례(周禮)》에 의하면 여덟 살에 소학에 들어가는데 보씨는 국자들에게 먼저 육서를 가르쳤다(《(周禮》八歲入小學, 保氏教國子先以六書)"라고 하며, 육서에 대해 다음과 같이 정의하고 그를 토대로 한자의 분류법을 설명했다.

첫째, 지사(指事)이다. 지사란 보아서 알 수 있고 살펴서 뜻을 알아낼 수 있는 것이니 '상(上)', '하(下)' 등이 그것이다(一曰指事. 指事者, 視而可識, 察而見意. 上下是也).

둘째, 상형(象形)이다. 상형은 그 물체를 그려서 형체를 따라 구부리는 것이니 '일(日)', '월(月)' 등이 그것이다(二曰象形. 象形者, 畫成其物, 隨體詰詘, 日月是也).

셋째, 형성(形聲)이다. 형성이란 사물로 이름을 삼고, 견줄 소리를 취하여서로 합친 것이다. '강(江)', '하(河)'가 그것이다(三曰形聲. 形聲者, 以事爲名, 取譬相成. 江河是也).

넷째, 회의(會意)이다. 회의는 부류를 합하여 가리키고자 하는 뜻을 나타내는 것이니 '무(武)', '신(信)'이 그것이다(四曰會意. 會意者, 比類合誼, 以見指撝, 武信是也).

다섯째, '전주(傳注)'이다. 전주는 의미의 종류를 하나의 기준으로 세워서 같은 뜻끼리 서로 주고받는 것이니 '고(考)', '노(勞)' 등이 그것이다(五曰轉注. 轉注者, 建類一首, 同意相受, 考老是也).

여섯째, '가차(假借)'이다. 가차는 본래 그 글자가 없어서 소리에 의지하여 사실을 기탁하는 것이니 '령(令)', '장(長)' 등이 그것이다(六曰假借. 假借者, 本無其字, 依聲托事, 令長是也).

이처럼 허신(許愼)은 '육서(六書)'에 대해 구체적으로 설명하고 한자의 종류를 분류했다. 이로써 육서의 법칙이 체계적으로 확립된 이후에는 주로 육서의 법칙을 적용하여 한자를 만들었고, 이는 한자의 의미를 파악하는 데 큰 도움이 되었다. 후세의 문자 학자들은 반고(班固)의 순서와 허신(許愼)의 명칭을 따라 육서를 '상형(象形), 지사(指事), 회의(會意), 형성(形聲), 전주(轉注), 가차(假借)'로 정의했다.

3. 한자의 조자원리(漢字造字原理)

한자의 조자원리는 '육서(六書)'에 근거하였다. 육서는 한자의 모양(形), 소리(聲), 뜻(意)의 요소를 근거로 여섯 가지 방법으로 한자의 조자(造字)원리를 설명했다.

(1) 상형(象形)

상형의 조자원리는 물체의 형태 특징에 따라 그리는 원리이다. 천지 간의 물형을 그려내, 그것으로 글자를 삼는 방법으로 육서 중에서도 기본적인 방법이라 할 수 있다. 그러나 상형만으로 만들어진 글자는 그다지 많지 않다. 상형이 육서의 기본이기는 하나 상형만으로 모든 글자를 만들 수는 없었던 것이

다. 상형으로 만들어진 대표적인 예를 들면 人(인), 日(일), 山(山), 목(木), 水
(수), 火(화) 등과 같다.

사람	人(인),	갑골문(甲骨文)		
날	日(일),	갑골문(甲骨文)		
뫼	山(산),	갑골문(甲骨文)		
나무	木(목),	갑골문(甲骨文)		
물	水(수),	갑골문(甲骨文)		
불	火(화),	갑골문(甲骨文)		

출처: 象形字典(http://www.vividict.com)

(2) 지사(指事)

지사(指事)는 상사(象事) 혹은 처사(處事)라고도 한다. '상형(象形)'이 구체
적인 사물을 보고 그림으로 그려낸 것이라면, 지사는 추상적인 기호를 이용해
문자를 만든 것이다. 지사자(指事字)는 기호로만 구성된 글자와 상형자에 보
조기호를 추가해서 만들어진 글자의 두 가지로 나뉜다. 전자는 기준선 위에
점 하나를 찍은 上(상), 작은 점 세 개를 찍은 小(소), 선 하나를 그은 一 (일)이
있다. 후자의 예로는 나무 木(목)의 뿌리부분을 표시한 근본 本(본) 나무의 끝
부분을 표시한 末(말) 등이 있다. 기호로만으로 만들어진 상용 지사자는 주로
숫자로 일(一), 이(二), 삼(三), 사(四), 오(五), 육(六), 칠(七), 팔(八), 구(九), 십
(十), 상(上), 하(下) 등이 있다. 상형자에 보조기호를 추가해서 만들어진 상용
지사자(指事字)는 曰(왈), 夫(부), 天(천), 흉(凶), 刃(인), 刃(인), 甘(감) 등이 있다.

가로 曰(왈), 갑골문 '目(왈)'자는 지사자이다. 입 '口(구)' 屵자에 짧은 선을 끄어 입이 움직임을 뜻한다.

아비 夫(부), 갑골문 '夫(부)'자는 클 大(대, 성인)'자의 머리에 획을 끄어 성년 남성이 상투를 올려 고정시키는 비녀를 뜻한다.

하늘 天(천), 갑골문 '夫(천)'은 성인을 뜻하는 '大(대)' 즉 성인의 머리에 원형 지사부호(指事符号) '口'를 더해, 머리 위의 공간을 뜻했다.

이처럼 지사는 상형과 마찬가지로 그 개념이 한자의 기본이 되므로 글자 수는 적지만 글자 수에 비해 사용빈도는 매우 높다.

(3) 회의(會意)

'회의(會意)'는 뜻을 포함한 두 글자 혹은 두 글자 이상을 합쳐서 또 다른 뜻을 가진 글자를 만드는 방법이다. '회의(會意)'는 '뜻을 모은다.'는 뜻으로 《설문해자(說文解字)》에서도 이러한 결합을 '비류합의(比類合誼)'라고 했다. 한자 '武(무)'와 '信(신)'은 대표적인 회의자로 '武'는 '戈(과)'와 '止(지)'의 뜻을 합한 것으로 간과(干戈)를 중지하여 천하를 태평으로 이끈다는 것이 본의(本義)이다. '信'은 사람 '人(인)'과 말씀 '言(언)'의 뜻을 합한 것으로 사람의 입에서 나오는 말은 성실해야 한다는 데서 믿을 '信(신)' 즉 '믿다'의 뜻을 나타냈다. 회의자의 분류는 구성요소들의 동이(同異)에 따라 동체회의(同體會意), 이체회의(異體會意), 변체회의(變體會意), 겸성회의(兼聲會意)로 나눌 수 있다.

동체회의(同體會意)는 그 구성요소들이 같은 글자들로 이루어진 표의글자를 말한다. 예를 들면 수풀 '林(림)'은 나무가 함께 있는 형태로 숲을 뜻한다. 나무 빽빽할 '森(삼)'은 '林(림)'보다 나무 하나가 더 많아 큰 '숲'을 뜻한다. 돌무더기 '磊(뇌)'는 돌 '石(석)'이 세 개가 상하 좌우로 구성되어, 많은 돌이 쌓여 있는 모양을 뜻한다. 이처럼 동체회의 한자들은 같은 글자 여러 개가 상하좌우로 결합하여 만들어진다. 상용 동체회의 한자의 예로는 간사할 '姦(간)', 울림 '轟(굉)', 벌레 '蟲(충)', 불꽃 '焱(염)' 등이 있다.

이체회의(異體會意)는 구성요소들이 서로 다른 글자들로 이루어져 뜻을 나타내는 것을 말한다. 예를 들면 술 '酒(술)'자는 술을 담는 그릇 '酉(유)'와 물 '水(수)'가 합쳐져 술이라는 뜻의 '酒'자가 만들어졌고, 울 '鳴(명)'자는 입 '口(구)'와 새 '鳥(조)'가 결합하여 만들어졌다. 이와 같이 보통 이체회의자는 부수와 뜻을 나타내는 부분이 결합하여 만들어진다.

변체회의(變體會意)는 혹 '성체회의(省體會意)'라고도 하는데, 구성요소들의 자획을 가감한 것을 말한다. 예를 들면 늙은이 '老(노)'와 아들 '子(자)'에서 효도 '孝(효)'를 만들고, 잠잘 '寢(침)'과 아닐 '未(미)'에서 잠잘 '寐(매)'를 만든 것과 같다.

겸성회의(兼聲會意)는 구성요소 중의 하나가 뜻과 음을 모두 가지고 있는 것을 말한다. 예를 들면 '仕(사)'는 사람 '人(인)'과 음과 뜻을 모두 가진 '士(사)'를 합쳐 벼슬 '仕(사)'를 만들었다.

위에서 본 바와 같이 한자 구성의 요건 6가지 중 하나인 회의는 지사와 상형이라는 한자의 기본을 두 개 이상 조합하여 하나의 개념으로 나타낸 것을 말한다.

(4) 형성(形聲)

형성(形聲)은 한 글자를 이루는 구성요소의 한쪽이 의미를 나타내고 다른 한쪽은 음성을 나타내는 것을 말한다. 이를 상성(象聲) 혹은 해성(諧聲)이라고 한다. 형성은 한자 구성법 중에서 가장 널리 쓰이는 문자이다. 한자를 찾는 사전을 보면 같은 부수 아래 많은 글자가 모여 있는데 이들 부수는 대개 의미를 나타내는 요소, 즉 형부(形符)이기도 한데, 어기에 음성을 나타내는 요소, 즉 성부(聲符)가 결합되어 한 글자로 표시되어 있다. 예컨대 바다 '洋(양)'과 씨종 '種(종)'은 왼쪽의 수부(水部)와 화부(禾部)가 형부이며, 오른쪽의 '羊(양)'과 '重(중)'은 성부로서 좌형우성(左形右聲)으로 결합된 글자이다. 같은 이치로 비둘기 '鳩(구)', 오리 '鴨(압)'과 같은 것은 우형좌성(右形左聲)이다. 또한 풀 '草(초)'와 말 '藻(조)'와 같은 것은 상형하성(象形下聲)이고, 할미 '婆(파)'와 춤출 '娑(사)'와 같은 것은 상성하형(上聲下形)이다. 이외에도 밭 '圃(포)'와 나라 '國(국)'과 같은 것은 외형내성(外形內聲)이고, 물을 '問(문)'과 들을 '聞(문)'과 같은 것은 외성내형(外聲內形)이라 할 수 있다. 형성(形聲)은 새로운 한자를 만들어내기 비교적 쉬운 방법으로 형성자가 한자에서 차지하는 비중이 가장 크다.

(5) 전주(轉注)

일종의 글자 사용방법 중 하나라고 볼 수 있는 전주는 해석이 분분하고 아직까지도 여러 설이 존재한다. "전주(轉注)는 종류를 나누고 머리를 하나로 하여 같은 뜻을 서로 받게 한 것이니 考老가 이것이다(轉注者建類一首同意相受 考老是也)."는 허신의 글자형태를 중심으로 한 형전설(形轉說)이 있는가 하면, 전주가 '그 소리를 이리저리 돌려 다른 글자의 쓰임에 주석을 하는 것'이라고 하며 음전설(音轉說, 또는 聲轉說)을 주장한 학자들도 존재한다. 쉽게 말해서 전주는 한 글자의 뜻을 다른 뜻으로 또는 형태나 소리가 약간의 변화를 갖는 등의 돌려쓰는 방법을 말한다. 예를 들면 '惡'을 '악(惡)'으로 읽으면 악하다는 뜻이 되고, '오(惡)'로 읽으며 미워한다는 뜻을 나타내는 것과 같다.

전주의 개념은 새로운 글자를 만드는 원리가 아니라 기존의 글자를 의미 변화로 활용하는 원리이다. 곧 더 이상의 한자를 만들지 않더라도 새로운 개념을 담을 수도 있는 것이다. 예를 들면 자전(字典) 속의 한자(漢字)가 대부분 뜻이 여러 가지로 나열되어 있는 것은 轉注(전주)의 개념이 많이 가미된 것으로 이해할 수 있다.

(6) 가차(假借)

가차는 말로는 존재하나 문자로는 존재하지 않는 단어나 글자를 문자로 나타내기 위해, 표현하고자 하는 단어의 발음과 같거나 비슷한 기존의 다른 한자로써 표현하는 것이다. 어조사나 대명사 등이 고대에 가차의 방법을 이용해서 많이 표현되었다. 예를 들어, 나 '我(아)'는 원래 톱니 모양의 날이 붙은 무기 같은 것을 표현하기 위해 만든 글자인데, 한문에서는 제1인칭 대명사로 쓰인다. 올 '來(래)'도 원래는 보리 이삭을 본떠 '보리'를 나타내기 위해 만들었지만, 고대 중국인은 '오다'라는 동사를 표현하기 위해 발음이 비슷한 來를 따왔다. 하지만 '오다'라는 뜻이 '보리'라는 뜻을 대체해 버리자, '보리'를 나타내기 위해 來 아래에 뒤쳐올 '夂(치)'를 추가해서 뜻을 보충해 보리밟기를 하는 모습을 그린 보리 '麥(맥)'이라는 새로운 글자를 만들었다. 그러할 '然(연)'의 경우도 원래 '불타다'라는 뜻이었으나, '그러하다'라는 뜻이 원뜻을 대체하게 되자 원뜻인 '불타다'는 '然(연)'에 火를 붙인 '연(燃)'이란 글자를 만들어 분리시켰다. 또한 문장에서 실질적인 뜻을 가지지 않고 문법적인 역할을 하는 어조사들의 경우 따로 표현할 글자를 만들기 어렵기 때문에 다른 글자를 가차한 경우가 많다.

4. 한자의 간체화(簡體化)

간체자는 중국에서 본래의 복잡한 한자를 간단하게 변형시켜 만들어진 한자를 말한다. 이와 비교하여 본래의 복잡한 한자를 번체자(繁體字)라고 한다. 중국의 한자간화사업은 한자의 복잡한 자체로 인한 문맹률을 줄이려는 목적으로 시작되어 많은 노력을 거쳐 확립된 것이다.

중국은 1935년 8월 당시 중화민국 교육부는 전현동(錢玄同, 쳰쉬안퉁)의 《간체자보(簡體字譜)》에서 324자를 취하여 〈제1차 간체자표(第一批簡體字表)〉를 공포하였다. 그러나 국민당 수뇌부의 반대로 1936년 2월 추진을 철회했다. 그 후 중화인민공화국이 건립된 이후 1955년 1월 〈한자간화방안초안(漢字簡化方案草案)〉을 만들고 각계의 의견을 수렴하여 1956년 1월 〈한자간화방안(漢字簡化方案)〉을 공포했다. 방안(方案)은 시험과정을 거친 후 1964년 5월 〈간화자총표(簡化字恩表)〉를 공포했다. 그리고 1977년 12월 문자개혁위원회는 〈제2차 한자간화방안초안(第二次漢字簡化方案草案)〉을 발표했다. 하지만 간화자는 서사의 편리라는 이점을 지니고 있지만 간화 규율이 정연하지 않아, 오히려 문자 변별력의 저하를 초래하는 경우가 있었다. 이로 인해 중국정부는 1986년 6월에 1977년 공포한 〈제2차 한자간화방안〉에 수록된 853자의 간화자에 대해 사용금지조치를 내렸다. 또한 그해 10월 수정된 〈간화자총표(簡化字恩表)〉를 다시 공포했다. 그 후 1988년 중국 국가어언문자공작위원회(国家语言文字工作委员會)는 〈제2차 한자간화방안〉에 수록되었던 간화자를 배제한 《현대한어 통용자표(现代汉语通用字表)》를 공포했다. 다음의 먹을 '찬(餐)'자와 그릇 '기(器)'자의 2차 간화 예와 한자대조표를 보면 〈제2차 한자간화방안〉의 간화자가 폐지된 이유를 알 수 있다.

餐餐歺歺器噐皿

표-6	한자대조표		
번체자 (繁體字)	간체자 (簡體字)	폐지된 2차 간체자	훈음(訓音)
齡	龄	令	나이 령/영령 영
幫	帮	邦	도울 방/나라 방
副	副	付	버금 부/스승 부
腐	腐	付	썩을 부/줄 부
街	街	丁	거리 가/ 자축거릴 축
停	停	仃	머무를 정/외로울 정
舞	舞	午	춤출 무/ 일곱째 지지 오
部	部	卩	거느릴 부/ 병부 절
餐	餐	歺	먹을 찬/ 부서진 뼈 알
酒	酒	氿	술 주/ 샘 궤

중국의 문자개혁은 문맹퇴치라는 성과를 거두게 되었다. 하지만 〈제2차 한자간화방안〉으로 잔류한 문제점은 아직까지도 일부 잔재하여 혼용되고 있다. 예를 들면 중국 시장에서 여전이 귤 '橘(귤)'을 '桔(길)'로, 계란 '鷄蛋(계단)'을 '계단(鷄旦)'으로 적어놓은 것을 볼 수 있다.

5. 한국 국자(國字)

국자(國字)는 중국 외의 한자문화권 국가에서 자체적으로 만들어 사용하는 한자를 말한다. 한반도는 조선시대에 이르러 세종대왕이 훈민정음을 창제하기 전까지 중국에서 한자를 들여와 한국어를 나타냈다. 하지만 고유문화를 다른 나라에서 만든 문자로 나타내기에는 어려운 점이 매우 많았다. 하여 한자와 한자를 조합하여 만들거나 아예 새로 만들어 고유문화를 나타냈는데, 이러한 한자들을 국자라 한다. 이렇게 창제된 한자들은 한국에서만 쓰이는 경우가 대부분이다. 다음의 국자의 조자원리를 통해 국자(國字)에서 육서의 원리를 독특하게 적용한 것을 엿볼 수 있다.

표-7		국자(國字)의 조자(造字)원리		
	국자(國字)	조자(造字)원리	용례	온라인 중국어 사전의 해석
형성자(形聲字)	媤(시집 시)	뜻을 나타내는 계집 女(여)와 음(音)을 나타내는 思(사)를 합하여 이루어짐	媤宅(시댁), 媤父母(시부모)	고대 여성의 이름; (한국) 시댁
	垈(집터 대)	뜻을 나타내는 흙 土(토)와 음(音)을 나타내는 代(대)로 이루어짐	垈地(대지), 家垈(다대)	지명용자; (한국)집터
	伽(가야 가)	뜻을 나타내는 사람 亻(인)과 음(音)을 나타내는 耶(야)를 합하여 만듦	伽倻國(가야국), 伽倻琴(가야금)	조선 악기명
회의자(會意字)	娚(오라비 남)	여자를 뜻하는 계집 女(여)와 남자를 뜻하는 사내 男(남)을 합하여 만듦	娚妹(남매), 妻娚(처남)	(한국) 호칭

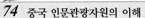

한자에 한글 받침소리 를 더한 한자 (독특한 形聲字)	畓(논 답)	물을 뜻하는 水(수)와 밭을 뜻하는 田(전)을 합하여 만듦	田畓(전답) 南田北畓 (남전북답)	(한국)수전
	喦(대구 화)	크다는 뜻의 大(대)와 입이라는 뜻의 口(구)를 합하여 만듦	喦魚場 (화어장)	큰 입; (한국)생성이름
	乭(이름 돌)	乭(돌)은 石(석)으로 뜻을 나타 내고 乙(을)로 음을 나타낸다.	孫乭風 (손돌풍)	(한국) 사람 이름에 쓰이는 한자, 돌(石)
	乷(음역자 쌀)	쌀은 쌀 米(미)로 뜻을 나타내 고 乙(을)로 음을 나타낸다.	乷負袋 (쌀부대), 乷米飮 (쌀미음)	(한국) 쌀(米)

출처: 漢典(http://www.zdic.net) 참조

위의 표에서 볼 수 있듯이 새로 만들어진 형성자(形聲字)와 회의자(會意字)는 모두 한자의 뜻과 한국어의 음을 독특한 방식으로 만든 한자들이다. 따라서 이러한 한자들은 한국에서만 통용되었다.

한자의 사용은 1945년 이후 한자폐지론과 한글전용론이 거듭 제기되면서 1957년 10월 18일 문교부에 의하여 상용한자(常用漢字) 1,300자가 선정되고, 다시 1967년 12월 18일 한국신문협회가 상용한자 2,000자를 선정했다. 1970년에는 모든 공문이 한글로만 쓰이게 되고, 초·중·고등학교의 모든 교과서에 한자의 노출표기가 없어지자, 한자의 사용은 크게 줄었다. 1972년 8월에는 문교부가 다시 1,800자의 중등학교 교육용 한자를 제정, 발표했다. 하지만 우리가 일상생활에서 사용하는 언어 중에는 많은 한자어들이 존재한다. 곽인성(2009)의 〈초등학교 한자교육과 성명서 유감(初等學校 漢字敎育과 聲明書 有感)〉에 의하면 한국어의 약 70%가 한자어이며, 학술용어의 90%가 한자어로 되어 있다. 또한 2010년 국립국어원(2010)이 사전 위주로 한 연구에 따르면 2010년 대한민국 《표준국어대사전》에는 51만 단어가 등재되어 있고, 이 51만 개의 단어 중 한자어가 58.5%, 고유어가 25.9%, 혼종어가 10.6%, 외래어가 5.5%를 차지했다. 즉 현재 우리가 사용하는 한국어의 대다수가 한자어라는 것이다. 따라서 한국어에 녹아 있는 한자어(漢字語)를 정확하게 이해하여, 순수한 우리의 고유어와 함께 우리말을 더욱 올바르게 사용하기 위해서는 한자를 공부해야 한다.

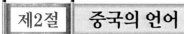 제2절　중국의 언어

　　중국은 여러 민족으로 구성된 나라로 여러 종류의 언어가 존재한다. 중국어는 일반적으로 한어(漢語)라고 부르기도 하는데, 이는 한족(漢族)의 언어로서 중국의 주요 언어이며, 세계에서 매우 발달되고 풍부한 언어이다. 1956년 이후 중국어의 표준어를 보통화(普通話)라 부르고 있다. 중국어 표준어는 수백 년 동안 사용한 북방관화(北方官話)를 기초로 하여, 북경(北京, 베이징)어음을 표준음으로 하고, 북방어를 기초 어휘로 하며, 전형적인 현대백화문(白話文)으로 쓰인 저작을 문법적인 기준으로 삼았다.

　　한자(漢字)로 표시되는 중국어는 세계에서 가장 많은 사람이 사용하는 언어이다. 중국어를 국가 공식어로 사용하는 국가는 중국대륙과 대만 그리고 홍콩이다. 하지만 싱가포르, 말레이시아 등의 국가에서 중국어로 의사소통이 가능하다. 중국어를 사용하는 나라 수는 많지 않지만, 사용하는 인구는 매우 많다. 한국의 96배에 달하는 중국대륙에서 약 14억 인구가 중국어를 사용하고, 기타 지역까지 포함하면 그 수는 약 17억 이상으로 예상된다. 따라서 중국인은 세계인구의 약 26%를 차지하고 있다. 즉 지구 인구의 5명 중 1명은 중국어를 사용한다고 볼 수 있다.

　　중국어의 어음특성은 성모(聲母)와 운모(韻母) 그리고 성조(聲調)의 요소로 구성되어 있다. 특히 성조의 경우 음의 높낮이에 따라 4가지 성조를 가지고 있는 것이 특징이다. 중국은 6만여 자에 달하는 한자(漢字)를 현대에 들어서 상용한자 3,500자 정도로 제한하여 사용하고 있으며, 간체자(簡體字)를 보급하여 사용하고 있다. 하지만 대만(臺灣), 홍콩을 포함한 싱가포르, 말레이시아, 필리핀, 인도네시아 등지에서 화교(華僑)들이 사용하는 한자는 번체자(繁體字)이다. 대만은 중국어를 보통화나 한어라고 하지 않고 국어(國語) 혹은 화어(華語)

라고 한다. 싱가포르, 말레이시아, 필리핀, 인도네시아 등지의 화교들은 자신
들을 화인(華人)이라고 하여 중국어를 화어라고 한다. 중국의 민족자치구에서
는 한자와 중국어를 사용하면서 소수민족의 언어도 함께 사용하고 있다.

한국과 중국은 동일 한자문화권에서 상호교류의 영향으로, 한자어휘 사용
에 있어서 상당부분 유사성을 띠고 있다. 이러한 유사성은 중국어를 학습하는
경우 오류를 쉽게 일으킬 수 있는 부분이 있으나 도움되는 부분이 더욱 많다.

중국어는 고립어(孤立语)로서 단어는 어떤 경우라도 거의 동일한 형태로 사
용되며 영어나 한국어같이 인칭(人称), 수(数), 시제(时制), 격(格), 품사(品词)
에 따라 글자형태가 바뀌지 않는다. 한 글자가 문장 내의 어순이나 위치에 따
라 다른 문장성분과 다른 시제로 표현되어 그 뜻을 다르게 할 수 있다. 이 때
문에 중국어는 그 어순이 매우 중요하다.

예를 들면 다음과 같다.

我愛你	I love you.	나는 당신을 사랑합니다.(주어)
你愛我	You love me.	당신은 나를 사랑합니다.(목적어)
我愛过你	I loved you.	나는 당신을 사랑했었습니다.(과거)

'我'는 동일한 글자로 주어와 목적어 역할을 하고 있고, 동사 '愛'는 과거와
현재에 관계없이 글자가 바뀌지 않는다. 이러한 특성 때문에 중국어는 발음과
성조 및 단어만 잘 익히면 그다지 어렵지 않다. 중국어는 중국을 보다 깊이
있게 이해하기 위해서 우선 이해해야 하는 부분이다. 따라서 중국의 문화와
역사를 올바르게 이해하려면 먼저 중국인이 사용하는 언어와 문자를 이해해
야 한다.

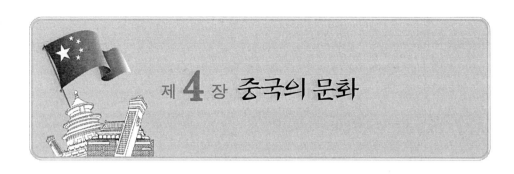

제 **4** 장 중국의 문화

　문화는 인류가 창조한 모든 물질자산과 정신적 자산의 총합이라 할 수 있다. 중국은 문화적으로 여러 민족들이 독특한 특징을 가지고 있으면서도 하나로 표현되는 것은, 무엇보다도 지리적인 환경에서 이루어낸 독특한 문화 때문이다. 또한 유구한 역사와 다양한 민족이 함께 독특하고 다양한 문화를 형성하였다. 오랜 역사를 가진 앙소(仰韶)문화와 용산(龍山)문화를 비롯해, 다름을 중요시하는 인본주의 유가문화와 자연을 중요시하는 자연주의 도가사상, 다도정신, 전통음악, 음식문화, 풍속, 지역문화 등 다양한 문화들이 공존한다.

　그중 우리에게 친숙한 문화로 중국의 차(茶)문화와 다양한 음식문화를 꼽을 수 있다.

제1절　중국의 차(茶)문화

　중국인에게 '차(茶)'는 단순한 음료 이상의 의미를 담고 있다. 중국인은 귀한 손님이 오면 반드시 차를 대접했다. 차로 제사를 지내기도 했으며, 결혼식 때 신랑과 신부는 어른에게 술과 함께 차를 올리기도 했다. 중국 속담에 "아침에 차를 한 잔 마시면 하루 종일 위풍당당하고, 정오에 차를 한 잔 마시면 일하는 것이 즐겁고, 저녁에 차를 한 잔 마시면 정신이 들고 피로가 가신다.

하루 석 잔을 마시면 천둥이 쳐도 끄떡없다(早茶一盅, 一天威風; 午茶一盅, 勞動輕鬆; 晚茶一盅, 提神去痛. 一日三盅, 雷打不動)"라는 말이 있다. 즉 중국인의 일상생활에서 빠뜨릴 수 없는 음료가 바로 차라는 것이다.

이처럼 중국인들은 차를 매우 좋아하는 민족으로 알려져 있다. 고대부터 전해진 차는 중국인들이 즐겨 마시는 대중음료로, 중국의 명차는 200종이 넘으며, 그 맛 또한 종류에 따라 다양하다.

1. 중국차의 유래와 변천

중국에서 차를 처음 마신 것은 삼황오제의 한 사람인 신농씨(神農氏)의 전설까지 거슬러 올라간다. 전설에 따르면 신농씨는 수많은 야생 잡초를 직접 먹으며 그 효능을 관찰했는데, 한번은 독초를 잘못 먹어 고생하다가 찻잎을 따먹고 해독되었다고 한다. 이때부터 차는 세상에 알려지기 시작했다. 청나라 때의 학자인 고염무(顧炎武)는 "진(秦)나라가 촉(蜀, 지금의 사천성 지역)지방을 점령한 후 중국인은 차를 마시기 시작했다"라고 했다. 사천(四川)성은 운남(雲南)성, 호남(湖南)성 등과 더불어 중국차의 주요 생산지이다. 중국인의 차 마시는 습관은 이들 지역에서부터 비롯된 것으로 추측하고 있다.

선진(先秦)시기의 문헌상 '차(茶)'라는 글자는 '도(荼)'라는 글자가 대신했는데, 이는 '씀바귀' 즉 '고차(苦茶)'라는 의미였다. '차'가 정식으로 문헌에 보이기 시작한 것은 한나라 때 이르러서이다. 그러나 이때까지만 해도 차는 주로 이뇨와 거담에 쓰이는 약용으로만 인식되었다. 삼국시대에 이르러서는 차로 손님을 접대하는 풍습이 점차 유행하기 시작했고, 당대(唐代)에 이르러서 차 마시는 풍습은 더욱 빠르게 발전했다. 특히 후세 사람들이 다성(茶聖)으로 칭송하는 당(唐)대 시인 육우(陸羽)는 《다경(茶經)》을 지어 차의 기원, 전래, 품종, 채취 및 다기(茶器)의 제작, 우려내는 방법 등을 약 7,000자의 언어로 설명하여, 중국 차문화의 이론적 기초를 다졌다. 송대(宋代)에 이르러서는 그 당시 즐기던 자다법(煮茶法, 차를 직접 물에 넣어 끓임)을 점다법(點茶法, 찻가루를 잔에 넣고 탕수를 부어 마시는 방법)으로 바꾸어 마시기 시작했다. 남송(南宋)에 이르러서는 포다법(泡茶法, 오늘날과 같이 차에 뜨거운 물을 부어 마시는 방법)이 개발되어 더욱 간편하게 차를 즐길 수 있게 되었다. 명대(明代)에 이르러 차는 오늘날과 같은 엽차의 형태로 정착하게 되었다. 그 이전에는 가루차 혹은 떡차라고 해서 찻잎을 절구로 찧은 다음 떡모양으로 굳혀 보관하는 고형차가 일반적이었다. 그러나 명(明) 태조 주원장(朱元璋)이 정권을 잡은 후 조서를 내려 오직 어린 싹에서 딴 아차(芽茶)만을 사용하게 했고, 그 후 엽차형태인 산차(散茶)가 크게 유행했다.

오늘날 차는 중국뿐만 아니라 세계 각국의 음차 애호가들이 즐겨 마시는 기호품이 되고 있다. 중국에서 시작된 차가 세계 각국으로 전해지게 된 것에는 불교의 전파와 관련이 있다. 수양하는 승려들은 정신을 맑게 하고 피로를 없애준다고 하여 차를 애용했고 사원에는 항상 차가 준비되어 있었다. 이 때문에 승려들이 세계 각국으로 불교를 전파하면서 차도 함께 전해지게 되었다.

2. 중국차의 종류와 맛

중국차는 찻잎의 발효 정도와 색깔로 분류된다. 먼저 발효의 정도로 분류한다면, 발효시키지 않는 불발효차, 10~65% 정도 발효시킨 반발효차, 85% 이상 발효시킨 발효차, 차의 효소를 파괴시킨 뒤 미생물 번식을 유도해 다시 발효가 일어나게 하는 후발효차 등 4종류로 나뉜다. 또한 색깔에 따라서는 녹차(綠茶), 홍차(紅茶), 청차(淸茶), 백차(白茶), 황차(黃茶), 흑차(黑茶), 화차(花茶)로 구분하기도 한다.

● 녹차(綠茶)

녹차는 찻잎을 따서 바로 증기로 찌거나 솥에 덖어 발효되지 않게 만든 불발효차이다. 주로 새로 돋은 가지에서 딴 어린 잎으로 만드는데, 보통 생수를 끓여 60~70℃로 식힌 후 차에 부어 1~2분정도 우려내어 마신다. 녹차는 차 본연의 맑고 그윽하며 상쾌한 향을 즐길 수 있다. 서호용정차(西湖龍井茶, 시후룽징차), 동정벽라춘차(洞庭碧羅春茶, 뚱칭삐뤄춘), 황산모봉차(黃山毛峰茶, 황산모우펑차) 등이 대표적인 녹차이다.

녹차(綠茶)

● 홍차(紅茶)

홍차는 발효도가 80~90%인 완전 발효차이다. 찻잎을 시들게 하여 발효시킨 다음 비비고 볶고 체로 쳐서 만든다. 찻잎과 차가 모두 붉은색을 띤다. 신선하며 어느 정도 자극성이 있으나, 쓰거나 떫지 않고 종류에 따라 단맛이 나는 경우도 많다. 홍차는 기문(祁門, 치먼)홍차, 운남(雲南, 윈난)홍차, 사천(四川, 쓰촨)홍차 등이 유명하다.

● 청차(淸茶, 우롱차)

청차는 녹차와 황차의 중간 정도로 발효한 차이다. 차의 빛깔이 까마귀같이 검고 모양이 용처럼 굽어 있어서 흔히 '우롱차(烏龍茶)'라고 부른다. 차를 마실 때는 90~100℃의 뜨거운 물을 부어 우려 마셔야 제 맛이 난다. 찻물에 우러난 성분은 풍부하

고 맛이 걸쭉하며 떫지 않다. 또한 맛이 부드러우며 깔끔한 단맛이 뒤에 느껴진다. 청차는 철관음차(鐵觀音茶, 테관인차), 백호오룡차(白虎烏龍茶, 바이후우룽차) 등이 유명하다.

● 황차(黃茶)

황차는 찻잎과 우려낸 후의 찌꺼기가
모두 황색이다. 녹차를 제조하다 잘못 처
리하여 황색으로 변화된 것에서 우연히
발견하게 된 황차는, 송(宋)대에는 저급차
로 인식되었다. 찻물은 연황색을 띠며 맛
은 순하고 부드러워 뒷맛이 약간 달다. 황

차는 군산은침(君山銀針, 쥔산인쩐), 몽정황아(蒙頂黃芽, 멍딩황야) 등이 유명
하다.

● 흑차(黑茶)

흑차는 대표적인 후발효차이다. 차
의 빛깔은 흑갈색이며 차를 우려놓으
면 갈황색이나 갈홍색을 띤다. 제조
과정은 차를 증기로 찐 후 완전히 건
조되기 전에 퇴적하여 곰팡이를 번식
시킨 다음 발효시켜 만든다. 흑차는
오래 숙성시켜 저장기간이 길수록 고

급차로 간주된다. 기름기 제거에 효과가 있어 다이어트차로 인기가 많다. 차
맛에서 연기냄새 혹은 곰팡이 냄새가 날 수 있으나 익숙해지면 흑차의 진미를
느낄 수 있다. 흑차는 보이산차(普耳散茶, 푸얼산차), 운남보이타차(雲南普耳
沱茶, 운남보이퉈차) 등이 유명하다.

● 백차(白茶)

백차는 주로 갓 나온 잎에 솜털이 많은 품종만을 골라 볶지 않고 자연건조

시켜 만든 차이다. 우려낸 찻물은 아주 연
한 녹색을 띠며, 그 맛 역시 연하고 생잎의
풋내가 아주 상쾌하다. "싹으로 된 차는 생
찻잎을 말리는 것이 으뜸이고 불을 이용한
것이 그 다음이다"라는 말이 있듯이 자연건

조시킨 백차는 귀한 차에 속한다. 백차는 백호은침(白毫銀針, 바이호인쩐), 백
모란(白牡丹, 바이무단), 공미(貢眉), 수미(壽眉) 등이 유명하다.

● 화차(花茶)

화차는 찻잎에 꽃을 섞어 향기가 배어나게 만든 차이다. 녹차, 홍차, 우룽차
등의 찻잎에 여러 가지 꽃의 향기를 더해 만들며, 꽃의 종류에 따라 모리화차
(茉莉花茶), 국화차(菊花茶), 장미꽃차(玫瑰花茶), 연꽃차(蓮花茶) 등이 있다.
70~80℃의 끓인 생수로 우려내어 마시는 화차는 향과 더불어 그 분위기에 쉽
게 도취된다.

3. 중국차의 감상과 선별방법

차를 음미하는 것은 단순한 갈증 해소의 생리적 쾌감을 넘어 보다 높은 정
신적 향유를 뜻한다. 깨끗하고 맑은 차의 향기에서 전해져 오는 청아(淸雅)함
과 단아한 기분은, 우리를 깊은 영혼의 세계로 인도하여 잡다한 번뇌를 잊게
한다. 로신(魯迅, 루쉰)은 산문《차를 마시다(喝茶)》에서 "좋은 차를 마실 수
있고, 좋은 차를 마실 줄 아는 것은 복이다. 그러나 이 복을 누리려면 우선
반드시 노력해야 하고, 훈련으로 다져진 감각을 갖춰야 한다(有好茶喝, 會喝好
茶, 是一種淸福. 不過要享受這淸福, 首先就須有工夫, 其次是練習出來的特別
的感覺)."고 말했다. 이렇듯 좋은 차를 마시기 위해서는 그에 상응하는 노력
과 감각이 있어야 한다.

● 좋은 차를 선별하는 방법

일반적으로 좋은 차는 우선 찻잎의 모양과 색깔을 보고 판단하다. 녹차의 경우 비취녹색이나 푸른 녹색의 빛을 최고로 치며, 홍차는 잎이 잘 뭉치며 검은색의 윤기가 나는 것을 선호한다. 그 밖의 차 역시 본래의 색을 잘 유지하고 있는 것이 좋은 차이다. 또한 물을 부어 우려냈을 때 찻잎이 본래의 모양을 잘 유지하며, 불순물과 부스러기가 적은 것일수록 좋다.

● 차를 우려내는 방법

차를 우려내는 방법은 크게 3가지가 있다. 첫째, 찻잎을 먼저 잔에 넣고 뜨거운 물을 따르는 하투법(下投法) 둘째, 찻잎을 잔에 넣고 뜨거운 물을 1/3 넣고 찻잎을 흔든 후에 다시 뜨거운 물을 넣는 중투법(中投法) 셋째, 뜨거운 물을 먼저 잔에 넣고 찻잎을 넣는 상투법(上投法)이 있다. 전문가들은 봄과 가을에는 중투가 좋고, 여름에는 상투가, 겨울에는 하투를 하면 좋다고 한다. 그리고 찻물을 우려내는 횟수는 녹차와 황차는 3~4회, 우룽차는 6~8회 우려 낼 수 있으며, 보이차는 찻잎의 양에 따라 10회 이상까지도 우려낼 수 있다.

중국차

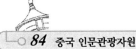

제2절 | 중국의 음식문화

손문은 1919년에 출간된 《건국방략(建國方略)》 제1장에서 〈음식으로 증명하다(以饮食为证)〉라는 주제로 중국의 음식문화에 관해 다음과 같이 말했다.

> "우리 중국은 근대문명의 진화에서, 모든 일이 다른 나라에 비해 뒤쳐졌지만 단 한 가지, 음식만은 유일하게 앞섰다. 지금까지도 문명국들이 미치지 못하고 있다. 중국이 발명한 음식은 구미(歐美)에서 크게 성행하고 있지만, 중국 요리법의 정교함은 구미(歐美)가 나란히 할 수 없다.(我中国近代文明进化, 事事皆落人之后, 惟饮食一道之进步, 至今尚为文明各国所不及. 中国所发明之食物, 固大盛于欧美; 而中国烹调法之精良, 又非欧美所可并驾.)"

손문이 자랑했던 중국의 음식문화는 유구한 역사와 넓은 국토에 걸맞게 그 맛과 종류가 매우 깊고 다양하다. 삼황오제의 하나인 수인씨(燧人氏)가 최초로 불을 사용해 음식을 만들었다는 전설과 함께, 고대부터 음식에 대한 많은 요리법과 요리들이 전해지고 있다. 춘추전국(春秋戰國)시대에 이미 각종 조리법이 발달하여 직화구이인 '번(燔)', 꼬치구이인 '적(炙)', 진흙 등으로 싸서 굽는 '포(炮)', 쪄서 먹는 '증(蒸)', 삶아 먹는 '팽(烹)', 날로 먹는 '회(膾)' 등의 요리법이 널리 사용되었다. 한나라 때에는 면(麵), 만두 등의 분식과, 떡이나 곡류를 가루로 내어 먹는 방법 등이 등장했다. 그리고 당대(唐代)에는 '소미연(燒尾宴)'이 등장하는데 이는 황궁에서 처음 관직에 등용된 자를 위해 베푸는 연회로 떡 종류만 78종이고, 만두 종류는 24종, 그리고 곰, 사슴, 살쾡이, 새우, 개구리, 자라, 오리, 토끼, 닭, 돼지, 소 등으로 조리한 각종 요리가 약 58종에 이른다고 한다. 이처럼 당나라에 이르러서는 다양한 요리들이 등장하게 되고 오늘날 잘 알려진 '둥퍼뤄(東坡肉)' 또한 당시 대문호였던 소동파(蘇東坡)가 고안해 낸 요리이다. 청대에 이르러서는 삭힌 오리 알인 '피단(皮蛋)'과 북경오리구이가 유행했고, 특히 강희제(康熙帝) 시기에는 궁중연회 때 만주족과 한족 요리를 함께 준비시켜 이를 '만한전석(滿漢全席)'이라 불렀는데, 상어 지느러미, 곰 발바닥, 낙타의 등고기, 원숭이의 골 등 중국 각지에서 준비한 희귀한 재료를 이용한 100종 이상의 요리가 이 당시에 선보였다. 또한 서태후(西太后)는 북경에서 심양(沈陽)으로 이동할 때 주방차량이 4대, 상설화덕이 50대, 상·하급요리사 100명이 함께 수행했으며, 한 끼에 100여 종의 요리를 준비토록 했다고 하는 것으로 보아, 그 화려함을 미루어 짐작할 수 있다.

1. 중국 음식에 담긴 양생관

중국의 고대 사상가인 맹자는 일찍이 "백성은 먹는 것을 하늘로 여긴다 (民以食爲天)."라고 말한 바 있다. 이는 국가를 운영함에 있어 백성을 배불리 먹이는 일이야말로 가장 중요한 일임을 말해주고 있다. 특히 음식물의 섭취를 통해 개인의 건강을 지키려 했던 중국인의 중요한 양생관(養生觀)은 중국인들의 음식문화에 잘 담겨 있다.

소위 '의약과 음식은 그 근원이 같다'라는 '의식동원(醫食同源)' 사상은 중국인의 음식관을 잘 나타내고 있다. 당나라 때의 손사막(孫思邈, 쑨쓰모우)은 《양로식료(養老食療)》, 원나라 때의 홀사혜(忽思慧)는 《음찬정요(飮饌正要)》를 지어 음식을 통한 양생법을 체계적으로 제시했다. 그 내용에는 적은 양으로 자주 먹는 것이 좋고 폭식과 폭음을 삼갈 것이며, 음식을 먹을 때 유쾌한 마음으로 섭취하고, 또한 음식을 만들 때는 다섯 가지 맛(五味)과 다섯 가지 색(五色) 등이 조화를 이루게 해야 한다는 내용이 담겨 있다.

2. 음식과 음양오행

'오행(五行)'이란 수(水), 목(木), 화(火), 토(土), 금(金)의 다섯 가지를 가리킨
다. 고대 중국인들은 우주가 바로 이 다섯 가지 원소로 이루어졌으며, 이 오행
이 서로 조화를 이루어야만 세상이 바르게 돌아간다고 믿었다. 이러한 사상은
음식에까지 영향을 미쳐, 중국인들은 음식의 맛을 소위 '오미(五味)'라 하여
'달고, 시고, 쓰고, 맵고, 짠' 다섯 가지로 나누었고, 색깔은 '오색(五色)'이라 하
여 '붉고, 누렇고, 푸르고, 희고, 검은' 다섯 가지로 나누었다. 물론 이러한 다섯
종류의 맛과 빛깔이 서로 잘 조화를 이루어낸 음식을 가장 훌륭한 음식으로
간주했다. 더 나아가 고기는 '양, 돼지, 소, 개, 닭'을 '오축(五畜)'으로, 곡식은
'보리, 기장, 참깨, 조, 콩'을 오곡(五穀)으로 분류하기도 했다. 이 밖에 음식을
'음'과 '양'으로 나누기도 했다. 마시는 것은 음으로, 씹어 먹는 것을 양으로 분
류하여, 음양의 조화를 이루며 음식을 섭취할 수 있도록 신경 쓰기도 했다.
또한 계절, 성별, 나이별로 적당한 음식을 가려서 먹으며, 요리할 때는 맛
을 내는 데 그치지 않고 색과 향 그리고 아름다움까지 추구했다. 이는 먹
는 것으로써 건강을 챙길 뿐만 아니라 삶의 여유와 즐거움을 찾으려 했던
것이다.

3. 지역별 요리

중국은 넓은 지역만큼이나 특산물이 다양하고, 그 문화적 전통 또한 달라서,
지역별로 독특한 음식문화를 가지고 있다. 흔히 중국 요리를 산동(山東, 산둥),
사천(四川, 쓰촨), 강소(江蘇, 지앙쑤), 절강(浙江, 저지앙), 안휘(安徽, 안후이),
호남(湖南, 후난), 복건(福建, 푸젠), 광동(廣東, 광둥)의 '8대 요리', 또는 북경
(北京, 베이징), 상해(上海, 상하이), 사천(四川, 쓰촨), 광동(廣東, 광둥)의 '4대
요리'로 구분하는데 여기서는 4대 요리를 살펴보고자 한다.

(1) 북경요리(京菜)

북경요리는 '경채(京菜, 징차이)'라고도 하며, 북경을 중심으로 남쪽으로 산동(山東)성, 서쪽으로 태원(太原, 타이위안) 지역의 요리를 포함하고 있다. 특히 북경은 원(元), 명(明), 청(淸)의 수도로서 지리적으로 문화의 중심지였으므로, 궁중요리와 같은 고급요리가 발달했다. 궁중요리의 대표적인 '만한전석(滿漢全席)'은 적게는 30가지, 많게는 160가지의 요리가 나오는 중국 요리의 정수이다. 우리에게 익숙한 '북경오리구이(北京烤鴨)'와 '양고기샤브샤브(涮羊肉, 싼양러우)' 등도 북경의 대표적인 요리이다. 북경오리구이는 통째로 구운 오리를 얇게 저며, 전병에 파와 장을 곁들여 싸서 먹는 요리로서 세계적으로도 유명하다. 양고기샤브샤브는 종이처럼 얇게 썬 양고기 편을 끓는 물에 살짝 데친 후 양념장에 찍어 먹는 샤브샤브 요리이다.

북경오리구이

(2) 상해요리(滬菜)

상해요리는 '남경(南京)요리' 혹은 '강소(江蘇)요리'라고도 하며, 양주(揚州, 양저우), 소주(蘇州) 지역의 요리를 포함하고 있다. 상해요리는 풍부한 바다해 산물을 재료로 하는 음식이 많으며, 대체로 달고 기름기가 많다. 상해요리 중 유명한 것으로는 민물게 요리와 '동파육(東坡肉, 둥퍼러우)'이 있다. 민물게 요리는 일반 서민이 먹기에 다소 비싸지만 식도락가들이 최고로 꼽는 진미로서, 찬바람이 부는 계절에 제맛을 느낄 수 있다. 특히 살아 있는 민물게를 황주(黃酒), 소주(白酒), 소금, 설탕, 진피 등으로 만든 양념 술에 절여 만든 상해취게(上海醉蟹)는 쫀득하여 식감이 아주 좋다. 동파육은 송나라 시인 소식(蘇軾, 쑤쓰)이 만들었다고 전해지는 요리이다. 항주(杭州) 지방의 관리로 있던 소식은 백성으로부터 선물로 받은 돼지로 육질이 아주 연한 자신만의 요리를 만들어 백성들과 나눠 먹었다고 한다. 이를 소식의 호인 '동파(東坡, 둥퍼)'를 따서 동파육이라 불렀고, 이러한 미담 덕분에 동파육은 지금까지 많은 사람들의 사랑을 받는 요리 중 하나가 되었다.

동파육

(3) 사천요리(川菜)

사천요리는 중국 내륙부의 사천(四川, 쓰촨), 운남(雲南, 윈난), 귀주(貴州, 구이저우) 지역의 요리를 포함한다. 옛날부터 중국의 곡창지대로 유명한 사천(四川)분지는 사계절 산물이 모두 풍성해, 야생 동식물이나 채소류, 민물고기를 주재료로 한 요리가 많다. 사천요리는 특히 매운 요리로 유명한데, 이를 잘 말해주는 '호남(湖南, 후난) 사람들은 매운 것을 겁내지 않지만, 사천사람들은 맵지 않을까 봐 두려워한다(湖南人不怕辣, 四川人怕不辣).'라는 말이 있을 정도이다. 모든 요리에 고추, 후추, 마늘, 파 등이 빠지지 않고 들어가, 느끼한 중국 요리에 질린 한국 사람들이 즐겨 찾는 음식이기도 하다. 흔히 접할 수 있는 사천요리로는 '마파두부(麻婆豆腐, 마퍼더우푸)', '궁보계정(宮保鷄丁, 궁바오지딩)' 등이 있으며, 특히 각종 채소와 육류를 데쳐 먹는 사천식 샤브샤브인 '화과(火鍋, 휘궈)'는 모든 사람이 좋아하는 대표적인 사천요리이다.

(4) 광동요리(廣東菜)

광동요리는 중국 남부에 있는 광동(廣東, 광둥), 복건(福建, 푸젠), 광서(廣西, 광시) 등지에서 주로 먹는 요리를 말한다. 중국요리 중 세계적으로 가장 많이 알려진 것이 바로 광동요리이다. 16세기 이래 광동 지역에는 외국 선교사와 상인들의 왕래가 빈번했다. 따라서 광동요리는 전통요리에 서양요리법이 결합되어 독특한 특성을 지니고 있다. 그중 서유럽 요리의 영향을 받아 쇠고기, 서양채소, 토마토케첩 등 서양요리 재료와 조미료를 받아들인 요리도 있다. 간을 싱겁게 하고 기름도 적게 사용하여, 맛이 신선하고 담백하며 쫄깃함을 그대로 살려, 천연의 맛을 느낄 수 있다. 대표적인 요리는 상어지느러미찜, 구운 돼지고기, 어린 통돼지구이, 광동식 탕수육, 딤섬이며, 뱀, 개구리 등도 요리의 재료로 사용하고 있다.

그 외에 여러 지역의 다양한 요리들이 요리체계를 이어가고 있다. 땅이 넓고 인구 또한 대국인 중국은 서로 다른 기후, 지리, 종교, 문화, 풍속, 습관 등

으로 인해, 각 지방의 음식문화가 색다르고, 지방마다 이색적인 요리체계를
형성하게 되었다.

4. 식사예절

의식주는 인간 삶의 기본이다. 그중에서도 음식은 생명과 가장 직결되는 요
소이다. 《예기(禮記)》〈예운(禮運)〉편에는 "무릇 예의 시작은 음식에서 비롯되
었다.(夫禮之初, 始諸飮食)"는 구절이 있다. 예절의 시작을 음식에 둔 것은 기
본적인 생명질서와 관련이 있고, 밥상에서의 바른 자세가 예절의 시작이라는
것이다. 음식을 차리는 위치에 대해 《예기(禮記)》〈예운(曲禮)〉편에서는 "대체
로 음식을 올리는 예는 뼈가 붙은 고기는 손님의 왼쪽에 놓고, 크게 저민 산적
은 우측에 놓는다, 밥은 앉아 있는 손님 왼쪽에 놓고, 국은 앉아 있는 손님 오
른쪽에 놓는다. 회나 구운 고기는 먼 곳 바깥쪽에 놓고, 그 왼쪽에 찐 파를
놓고, 술과 미음은 오른쪽에 놓는다. 또 그 오른쪽에 말린 고기와 포를 다져
양념한 고기를 놓는데, 머리를 왼쪽으로 하고 꼬리를 우측으로 놓는다.(凡進
食之禮, 左殽右胾, 食居人之左, 羹居人之右, 膾炙處外, 醯醬處內, 蔥渫處
末, 酒漿處右. 以脯修置者, 左朐右末.)"라고 하였는데 내용을 보면 음식을 차
릴 때, 주로 손님 위주로 차리는 것을 알 수 있다. 생선요리를 올릴 경우 《예기
(禮記)》〈소의(少儀)〉편에서는 "물기가 있는 생선을 반찬으로 하는 경우는 꼬
리를 먹는 이에게 향하여 드리고, 겨울에는 아랫배의 살을 오른쪽으로 두고,
여름에는 등지느러미를 오른쪽으로 둔다.(羞濡魚者進尾, 冬右腴, 夏右鰭.)"라고
하였다. 오른쪽으로 두는 것은 먹기에 편하도록 하는 것이다.

식사예절에 관한 내용은 《예기(禮記)》〈곡례(曲禮)上〉편에서 찾아볼 수 있
다. 곡례에 이르기를 "남과 함께 음식을 먹을 때 배부르도록 먹지 말고, 남과
함께 밥을 먹을 때 손을 적시지 말며, 밥을 뭉치지 말고, 밥숟가락을 크게 뜨
지 말며, 물 마시듯 마시지 말며, 음식에 혀를 차지 말며, 뼈를 깨물어 먹지
말고, 먹던 고기를 도로 그릇에 놓지 말며, 개에게 뼈를 던져주지 말아야 한

다. 어떤 것을 굳이 자신이 먹으려 하지 말며, 밥을 식히려고 헤젓지 말고, 기장밥을 젓가락으로 먹지 말며, 나물국을 국물만 들이마시지 말고, 국에 조미(調味)하지 말아야 한다. 이를 쑤시지 말고, 젓국을 마시지 말아야 한다. 손님이 국에 간을 맞추면 주인은 맛있게 잘 끓이지 못하였다고 사과(謝過)의 말을 해야 하고, 손님이 젓국을 마시면 주인은 가난하여 잘 조미(調味)하지 못하여 맛이 없다고 사과(謝過)의 말을 해야 하며, 젖은 고기는 이로 끊고 마른 고기는 이로 끊지 않아야 하며, 불고기를 한입에 먹지 말아야 한다. 음식 먹는 일을 마치면 손님은 앞으로부터 꿇어앉아서 밥을 걷어서 돕는 자에게 주고, 주인이 일어나서 그렇게 하지 말라고 손님에게 사양하고, 그렇게 한 뒤에 손님은 자리에 앉는다.(共食不飽, 共飯不澤手. 毋搏飯, 毋放飯, 毋流歠, 毋吒食, 毋齧骨, 毋反魚肉, 毋投與狗骨, 毋固獲, 毋揚飯. 飯黍毋以箸, 毋嚃羹, 毋刺齒, 毋歠醢. 客絮羹, 主人辭不能亨; 客歠醢, 主人辭以窶. 濡肉齒決, 幹肉不齒決, 毋嘬炙. 卒食, 客自前跪, 徹飯齊以授相者, 主人興辭於客, 然後客坐.)"라고 하였는데 내용을 보면 손님과 주인이 지켜야 할 식사예절을 자세히 설명했다.《예기(禮記)》의 식사예절은 후세에 많은 영향을 미쳤으며, 일부는 지금까지 답습되고 있다.

중국현대의 식사예절은 주로 좌석배치와 식탁에서의 예절로 나눌 수 있다. 여러 명이 함께 식사할 때 좌석배치는 지역에 따라 약간의 차이는 있지만, 일반적으로 연장자나 손님은 문이 바라보이는 가장 안쪽 자리에 앉고, 서열이 낮은 사람일수록 문 가까운 자리나 문을 등진 자리에 앉는다. 요리가 나오면 각자 앞접시에 먹을 만큼 덜어 먹는데, 이때 손님이나 윗사람에게 먼저 요리를 권하며 다른 사람이 맛볼 수 있도록 한꺼번에 많은 요리를 덜어가지 않는다. 젓가락으로 요리를 심하게 뒤적이거나 소리 내어 음식을 씹는 것은 우리와 마찬가지로 예의에 어긋난 것으로 여긴다. 밥을 먹을 때는 흔히 밥그릇을 들고 밥을 먹는데, 이것은 우리와 달리 예의에 어긋난 행동이 아니다. 중국의 쌀은 대부분 찰기가 없는데다가 젓가락으로만 밥을 먹기 때문에 생겨난 식습관이라 할 수 있다. 숟가락은 주로 탕을 떠먹을 때만 사용한다.

5. 현대 중국인의 식생활 습관

하루를 바쁘게 살아가는 현대 도시의 직장인들은 매끼 위에서 말한 것과 같은 이상적인 식생활을 즐길 수 없다. 그래서 아침에는 대개 채소나 고기 속이 있는 찐만두인 '포자(包子, 바오쯔)', 속이 없는 찐빵인 '만두(饅頭, 만터우)', 꽈배기 모양의 밀가루 튀김인 '유조(油條, 여우탸오)', 우리나라의 콩국과 비슷한 '두장(豆醬, 떠우지양)' 등을 사먹는다. 점심 때는 직장의 구내식당이나 주변 식당에서 먹는데, 일반 서민들은 면이나 덮밥류 한 가지로 한 끼를 해결하는 경우가 많다.

대체로 저녁은 퇴근 후 가정에서 직접 만들어 먹는데, 다소 간략했던 아침, 점심식사를 보충이나 하려는 듯 제대로 챙겨 먹으려는 경향이 있다. 대부분의 가정이 맞벌이라서 남녀 구별 없이 집에 먼저 돌아온 사람이 식사 준비를 한다. 1949년 사회주의 정권이 들어선 이래로 여성들은 남자들과 동등하게 직장생활을 해왔기 때문에, 남자가 주방에 들어가 요리하는 것 또한 아주 자연스럽게 여긴다.

생일이나 진급과 같은 축하할 일이 생기면 주로 친지나 친구들과 함께 외식하는 경우가 많은데, 이때는 우리가 생각하는 화려한 중국 음식을 기대할 수 있다. 요리는 냉채(涼菜, 량차이), 더운 요리(熱菜, 러차이), 주식(主食, 주스), 탕(湯) 순서로 나온다. 냉채는 주요리가 나오길 기다리면서 입맛을 돋우기 위해 먹는 간단한 음식이고, 더운 요리는 주문 후 즉시 지지고 볶거나 튀겨서 만들어내는 주요리를 말한다. 주식으로는 흔히 밥, 만두, 면 등이 나온다. 탕은 우리나라의 국과 비슷하나 국보다 훨씬 걸쭉한 경우가 많다. 우리나라의 식생활 습관과 다른 점은 주요리가 다 나온 뒤 양이 부족할 때 주식을 시키고, 숭늉처럼 탕을 맨 마지막에 마신다는 점이다.

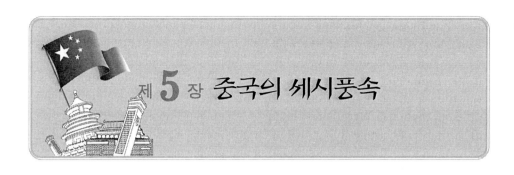

제5장 중국의 세시풍속

세시풍속(歲時風俗)은 민간에서 오래도록 전해져 내려오는 전통으로, 중국의 경우 세시(歲時), 세사(歲事), 시절(時節), 월령(月令)이라고도 한다. 세시풍속은 대부분 음력으로 전해지고 있다. 춘절(春節), 원소절(元宵節), 청명절(淸明節), 단오절(端午節), 중추절(仲秋節), 중양절(重陽節) 등과 같은 절기는 오래된 세시풍속으로 전해지고 있다. 이러한 세시풍속은 중국의 유구한 역사 속에서 특별한 의미가 있는 명절로 형성되었다. 또한 이러한 명절에는 역사의 흔적, 풍토와 인정, 소원과 신앙, 윤리와 도덕, 문학과 예술 등 갖가지 문화적 요소가 내재되어 있다.

제1절 춘절(春節)과 원소절(圓宵節)

춘절(한국의 설날)은 음력 새해의 시작으로 중국인이 가장 중시하는 명절이다. 옛날에는 음력 새해 첫날을 원단(元旦), 원일(元日) 혹은 삼원(三元)이라고 불렀다. 수나라의 두대경(杜臺卿, 뚜타이칭)은 《옥촉보전(玉燭寶典)》에서 정월 초하루를 원일(元日) 또는 삼원(三元)이라 하고, 삼원은 세(歲)의 원(元), 시(時)의 원, 월(月)의 원이라고 했다. 말하자면 이날이 새해의 시작이고, 새 계절의 시작이며 새 달의 시작이라는 뜻이다. 추운 겨울이 지나가고 따스한 봄날이 곧 다가오며, 묵은해를 보내고 새해를 맞이하는 갖가지 춘절의 경축활동이 이어진다. 기록에 따르면 음력 초하루를 새해의 첫날로 정한 사람은 한(漢)나라 무제(武帝)이며, 한무제(漢武帝)가 사마천(司馬遷)이 참여해서 제정한 '태초력(太初曆)'을 받아들여 천하에 반포했다고 한다. 그 후 1911년 신해혁명 이후에는 하력(夏曆)을 시행해서 농사시기를 따랐고, 서력(西曆)을 사용하여 통계를 수월하게 했다. 즉 농사에 맞는 농력(農曆, 음력)을 보존하는 동시에 공력(公曆, 양력)을 채용하기 시작하면서, 양력 1월 1일을 원단(元旦)이라 부르고, 음력의 원단은 춘절로 이름을 바꾸었다. 관습상 해를 보낸다(過年, 꿔낸)는 것은 춘절을 보내는 것을 말한다.

넓은 의미에서 해를 보내는 데는 30여 일이 걸린다. 음력 12월 8일부터 시작해 정월 보름을 지내야만 비로소 해를 다 보낸 것이다. 그믐날 저녁을 경계로 그전의 20여 일 동안은 해를 보내기 위한 준비를 한다. 아이들에게 새 옷을 장만해 주거나 돼지나 양을 잡아서 설날 음식을 준비하는데, 남방에서는 통상적으로 채소를 많이 준비하고, 북방에서는 만두를 빚느라 여념이 없다. 사람들은 부뚜막 신과 조상에게 제사를 지낼 때 필요한 종이, 은전, 초, 향 등을 사들이고, 명절 분위기를 띄우는 폭죽 또한 절대로 빠뜨리지 않는다. 12월 24일 이후에는 집집마다 먼지를 털며 청소하고, 가구를 깨끗이 닦고, 이불 홑청을 새로 하고, 마지막에 춘련(春聯, 춘롄)을 쓰고 연화(年畵, 녠화)를 붙이는데, 북방에서는 창문에 그림 붙이는 것을 좋아한다.

그믐날 밤 이후로는 마음껏 즐기기 시작한다. 가족이 함께 모여서 밥을 먹는 것 외에 제일 중요한 일은 세배하는 것이다. 먼저 자녀들이 어른에게 세배를 드려 존경심과 효심을 전하고, 친척이나 친구와도 서로 세배하면서 정을 돈독히 한다.

그믐날은 또한 대년야(大年夜, 따녠예)라고도 하는데, 이는 음력 한 해의 마지막 날이므로 춘절의 절정기라 할 수 있다. 이날 저녁 가정에서는 속칭 '연야반(年夜飯, 낸예반)' 또는 '단원반(團圓飯, 투안위안반)'이라 하여 온 가족이 함께 저녁을 먹는다. 지역마다 풍속이 다르고 집집마다 빈부의 차이가 있기는 하지만, 이 한 끼의 밥만은 그 집에서 연중 가장 풍성하다. 남방에서는 요리가 특히 풍성한데 여기에는 특별한 의미가 담겨 있다. 고기완자, 생선완자 등은 가정의 원만함을 상징한다. 주요리는 반드시 닭으로(남방에서는 닭과 집의 발음이 비슷하다) 하는데, '닭을 먹고 집안을 일으킨다(吃鸡起家)'는 의미가 있다. 그 밖에 지지고 튀긴 음식에는 집안 운수가 '뜨거운 불과 끓는 기름(烈火烹油)'처럼 흥성하기를 축원하는 의미가 있다. 맨 나중에는 단 음식을 많이 올리는데, 앞날이 달디 달기를 기원한다는 뜻을 담고 있다.

북방에서는 '새해맞이 물만두'를 먹는다. 만두를 빚을 때 만두소는 고기나 야채, 혹은 고기와 야채 섞은 것을 쓴다. 또한 만두 일부에 두부나 동전을 넣어둔다. 두부가 들어간 만두를 먹으면 새해에 복이 터진다는 의미이고, 동전이 들어간 만두를 먹으면 새해에 꼭 돈을 벌 수 있다는 뜻이다. 그 밖에 대추, 땅콩, 사탕으로 만두소를 대체하는 곳도 있는데, 장생(長生)의 열매라고도 하는 땅콩은 장수를 기원하는 것이며, 대추와 사탕은 앞날이 사탕보다 더 달기를 기원한다는 뜻이 담겨 있다.

춘절의 전날 밤에는 온 가족이 둘러앉아 만두를 빚고 '연야반(年夜飯, 낸예반)'을 먹고 밤을 지새운다. TV를 보거나 환담을 나누며 밤을 지새우는 것을 수세(守歲, 쓰어우수이)라 부른다. 새해로 넘어가는 순간인 자정이 되면, 천지가 진동하는 폭죽(鞭炮)소리가 춘절을 알린다. 요란한 폭죽소리는 사악한 귀신을 쫓는다는 의미를 넘어서, 명절 분위기가 훨씬 더해진다. 하지만 폭죽이 공기를 오염시키고 화재를 유발하며 사람들에게 상처를 입히는 등 폐해가 커짐에 따라, 요즘 대부분의 대도시에서는 사용을 금지하거나 사용을 자제하는 분위기이다. 설날 아침이 되면 한국과 마찬가지로 조상에게 차례를 지낸 후 친지나 가까운 사람을 찾아 세배를 한다. 덕담을 주고받으며 세뱃돈을 전하는 것도 한국문화와 비슷하다. 세뱃돈은 압세전(壓歲錢, 야쑤이치앤)이라 하여

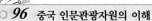

빨간 봉투(紅包)에 넣어서 준다. 또한 명절 동안 풍족한 한 해를 바라며 '남다, 여유롭다'라는 뜻을 가진 '餘'와 발음이 같은 생선(魚)요리를 먹고, 끊임없는 발전(高)을 기원하며 떡(年糕)을 먹기도 하는데 이러한 풍습에는 재밌는 이야기가 함께 전해지고 있다. 춘절 행사는 지난해 섣달 그믐날 밤을 지새우는 수세(守歲)로부터 시작하여, 아침 해가 솟으면 일제히 폭죽을 터뜨리며 집안에 있는 악귀를 쫓는데, 폭죽을 터뜨리는 풍속에 대해서《형초세시기(荊楚歲時記)》에는 다음과 같은 내용이 있다.

> 정월 1일은 삼원일이다. 《춘추(春秋)》에서는 단원(端月)이라 했다. 닭이 울면 일어나 먼저 마당에 폭죽을 놓아 산조의 악귀를 쫓는다(辟山臊惡鬼). 《신이경(神異經)》을 살피건대 이르길, "서방(西方)의 산중에 어떤 사람이 키가 1척이 넘고 발은 하나로, 사람을 두려워하지 않으며 그를 범하는 자는 한열(寒熱)이 나게 된다. 산조(山臊)라 불린다." 대나무에 불을 붙여 박필(烞燁)소리를 내면 산조가 놀라고 두려워하며 멀리 도망간다. 《현황경(玄黃經)》은 산조귀(山臊鬼)라 부른다. 속인들이 폭죽과 풀을 태워 마당을 밝히면(庭燎) 경대부와 제후들(家國)이 왕(王者)을 함부로 넘보지 못한다고 여겼다.(正月一日是三元之日也. 《春秋》謂之端月. 雞鳴而起, 先於庭前爆竹, 以辟山臊惡鬼. 按 : 《神異經》雲 : 西方山中有人焉, 其長尺餘, 一足, 性不畏人, 犯之則令人寒熱, 名曰山臊 ; 以竹著火中, (火樸)(火畢)有聲, 而山臊驚憚. 《元黃經》所謂山(猶巢)鬼也. 俗人以爲爆竹起於庭燎, 家國不應濫於王者.)

위의 내용을 보아 춘절에 폭죽을 터뜨리는 풍습은 정월 초하루 산조귀(山臊鬼)를 쫓던 풍습에서 유래된 것으로 보인다.

중국의 원소절(元宵節)은 정월보름의 명절로 북방지역에서는 원소(元宵, 위앤쇼우)를, 남방에서는 탕원(湯圓, 탕위안)을 먹는다. 춘절 분위기는 원소절까지 이어진다. 명절 동안 각종 민속놀이들이 진행되며, 가장 일반적인 민속놀이로는 사자탈춤(舞獅子)과 용등춤(耍龍燈), 장대다리(踩高蹺 또는 高蹺秧歌) 등이 있다.

최근에는 춘절을 보내는 방식이 조금씩 변하고 있다. 안전상의 이유로 중국의 많은 도시에서 폭죽놀이를 금지하고 있어, 명절 기분을 내고 싶은 사람들은 전자폭죽을 사서 집 앞에 걸어놓거나 교외에 나가서 폭죽을 터뜨리곤 한다. 하지만 제야를 새우면서 새해 아침을 맞이하는 풍속은 여전하다.

중국 춘절의 법정 공휴일은 3일이지만 주말과 임시공휴일을 정해 춘절 연휴는 1주일 정도가 된다. 하지만 한 달 동안 가동을 중단하는 기업도 있다.

제2절 청명절(淸明節)

청명은 24절기 중의 하나이며, 춘분과 곡우 사이에 있는 절기이다. 동지가 지나고 108일이 되는 날로서 4월 5일 전후가 된다. 4월 초에 '봄빛이 완연하고 공기가 깨끗해지며 날이 화창해지는 시기'라고 하여 '청명'이라 한다. 농촌에서는 이때부터 농번기에 들어선다. 청명절이 되면 중국 곳곳에서 성묘하는 모습을 볼 수 있는데, 이는 예부터 조상을 존경하고 친족을 중시하는 의식에서 유래된 것이다.

일찍이 진나라와 한나라 때부터 묘지 제사는 반드시 지켜야 하는 중요한 의식이었으며, 당나라 때에 이르러서는 '오례(五禮)'의 하나가 되었다. 당나라 현종(玄宗)은 조서를 내려 관리들이 한식에 성묘(掃墓)하러 가는 것을 윤허했다. 그 후 몇몇 황제가 연이어 조서를 반포해 관리들이 휴가를 내서 조상의 무덤에 가는 것을 허락했다. 관청의 허락을 받은 후 민간에서 제사 지내는 풍조가 대대적으로 성행했다. 유종원은 〈허경조에게 보내는 편지(寄許京兆書)〉에서 "논밭이 있는 들길은 선비 집안의 여인들로 가득했으며, 노예와 하인, 거지들까지 부모의 무덤을 찾았다(想田野道路, 士女遍滿, 皂隷佣丐, 皆得上父母

丘墓)"고 청명절의 풍경을 기록했다.

청명절에 조상에게 제사를 지내고 성묘하며 고인을 기념하는 일 외에 또 다른 중요한 행사가 바로 답청(踏靑)이다. 청명에 답청을 가는 것은 고대의 상사절(上巳節)에 성인 남녀들이 교외에서 자유롭게 교제했던 풍습과 관련이 있다. 상사절은 중국 삼국시대에 음력 3월 3일로 정했다. 옛사람들은 이날 물가에 가서 상서롭지 못한 것을 없애버렸는데 이를 '수계(修禊)'라고 했다. 이는 점차 봄날 물가에서 연회를 벌이고 놀이하는 명절이 되었고, 그 후에는 청명절과 합쳐져서 봄에 답청을 가는 것이 명절의 중요한 행사가 되었다. 청명절에 먹는 음식은 지역마다 다르지만, 이날은 차가운 음식, 즉 '한식(寒食)'으로 끼니를 해결하는 문화가 있다. 이는 본래 청명절과 바로 앞의 한식절(寒食節)이 공통으로 성묘하는 데서 비롯되었다. 당·송(唐·宋)대 이후 한식절과 청명절은 점차 하나로 합쳐져 청명절이 한식절을 대체하여 풍습이 함께 전해지고 있다.

한식절은 중국 전통명절 중에서 유일하게 음식으로 명명한 명절이었다. 한식절의 유래에 대해서는 고대의 종교적 의미와 개자추(介子推) 기념설로 전해지고 있다.

고대의 한식절은 '금연절(禁煙節)'이라고도 했다. 종교적 의미로 매년 봄에 나라에서 새로운 불(新火)을 만들어 썼는데, 그에 앞서 어느 기간 동안 묵은 불(舊火)을 일절 금하고 제사를 지내던 예속(禮俗)이 있었다. 이는 중국의 옛 풍속으로 이 기간 동안 기후가 건조하고 풍우가 심하여 불을 금지했다. 따라서 사람들은 불을 금하기 전에 미리 많은 음식을 만들어 이 기간 동안 찬밥을 먹었다 하여 한식절 또는 금연절이라 불렀다.

그 후 금연절은 개자추(介子推)를 기념하는 한식절로 전해지게 되었다. 전설에 따르면, 중국 진(晉)나라의 문공(文公)이 국란을 당하여 개자추 등 여러 신하를 데리고 국외로 탈출하여 방랑할 때, 배가 고파서 거의 죽게 된 문공을 개자추가 자기 넓적다리 살을 베어 구워먹여 살린 일이 있었다. 《동주열국(東周列國)》〈춘추(春秋)〉편에 따르면 진문공(晉文公)의 주유천하를 시종일관 수행했던 충신 개자추(介子推)는 진문공이 즉위한 뒤 시행된 논공행상을 구차스럽다고 피해, 깊은 산속으로 도망갔다. 문공은 개자추의 은덕을 생각하여 높은 벼슬을 시키려 했다. 그러나 개자추는 벼슬을 마다하며 면산(緜山)에 숨어 아무리 불러도 나오지 않았다. 그러자 진문공은 개자추를 나오게 할 목적으로 면산에 불을 질렀다. 그러나 그는 끝까지 나오지 않고 홀어머니와 함께 버드나무 밑에서 불에 타죽고 말았다. 그 뒤 그를 애도하는 뜻에서, 또 타죽은 사람에게 더운밥을 주는 것은 도의에 어긋난다 하여, 불을 금하고 찬 음식을 먹도록 하고, 이날을 한식절이라 하였다고 한다. 이날 중국인들은 문에 버드나무를 꽂기도 하고, 들에서 잡신제(雜神祭)인 야제(野祭)를 지내, 그 영혼을 위로하기도 한다. 이날 나라에서는 종묘와 각 능원(陵園)에 제향(제사)을 올렸다.

청명절(淸明節)과 비슷한 날인 한식절의 풍습에 대해 송(宋)대의 주밀(周密)은 《계신잡식(癸辛杂识)》에서 "청명절을 한식으로 한다(即以清明为寒食矣)." 하여 송(宋)대에도 청명절과 한식을 동일시했음을 알 수 있다.

중국 정부는 2008년부터 청명절 하루를 법정 공휴일로 정했다가 2009년부터는 3일을 법정 공휴일로 지정했다.

제3절 단오절(端午節)

중국의 단오절은 음력 5월 5일이다. 중국의 많은 명절 중에 단오절처럼 이름이 많은 명절도 없다. 단오절은 중국의 전통명절로서 단오절(端午節) 또는 단절(端節), 포절(蒲節), 중오절(重午節), 중오절(重五節), 오월절(五月節), 오절(五節), 단양절(端陽節), 천중절(天中節), 천장절(天長節), 오월절(五月節), 여와절(女娲節), 용자절(龍子節), 시인절(詩人節), 용선절(龍船節), 향포절(香

包節), 목난절(沐蘭節), 백상절(白賞節), 해종절(解粽節), 종포절(粽包節), 하절(夏節)이라고도 한다. 중국 단오절의 전신은 선진(先秦)시기 오월(吳越)이라는 민족이 용도등(龍圖騰) 숭배에서 기인한 용선경기(龍舟競渡)에서 비롯된 것으로 알려져 있다. 진한(秦漢)시기 중원사람들에게 5월 5일은 상서롭지 못한 악월(惡月)이자 악일(惡日)이었다. 하여 귀신을 쫓고 사악한 것을 피하기 위해 사람들은 이날에 청, 적, 황, 백, 흑 5가지 실로 만든 가는 줄을 팔에 걸고 다녔는데, 이것을 장명루(長命縷)라고 했다. 또한 이날에는 봄이 가고 여름이 오는 것을 상징하는 음식인 각서(角黍)를 먹었는데, 이것이 후세에 성행하고 있는 종자(粽子, 쭝즈)의 전신이다.

단오절의 풍습은 위진(魏秦)시대에 이르러 이전의 전통을 이어가는 동시에 역사적 인물을 기념하는 내용이 더해졌다. 기념인물들은 모두 '충(忠)'과 '효(孝)'로 유명한 인물로 선진(先秦)시기 진국(晉國)의 개자추(介子推), 오국(吳國)의 오자서(伍子胥), 초국(楚國)의 굴원(屈原), 한(漢)대의 조아(曹娥)와 진림(陳臨) 등이 있는데, 시대가 변하면서 굴원(屈原)이 점차 단오(端午)절의 중심 인물이 되었다. 전국시대 초(楚)나라 대부였던 굴원은 정치적으로 높은 이상을 지녔으며 뛰어난 외교적 수완이 있었다. 그러나 친진파(親秦派)와 친제파(親齊派)의 대립에서 모함을 당해 결국 강남으로 추방당하게 되었다. 그는 도처를 떠돌아다니다가 초영(楚營)의 함락소식을 듣고, 울분을 참지 못하여 멱라강(汨羅江)에 몸을 던져 자살했다. 굴원이 강에 투신하자 그를 존경하고 따르던 백성들이 배를 띄워 그의 시신을 수색하였으나 찾지 못하였다. 그들은 할 수 없이 찹쌀을 대나무잎으로 싸서 종자(綜子, 쭝즈)를 만들어 다시 배를 타고 들어가, 굴원이 투신한 자리에 종자를 던져 물고기들로부터 굴원의 시신을 지키고자 했다. 이는 오늘날 대다수 지역에서 단오절에 종자를 먹고, 용선(龍舟)경기를 하는 풍속으로 전해지고 있다.

중국의 단오절은 지역에 따라 약간의 차이가 있다. 2009년 9월 세계무형문화유산으로 등재된 '중국단오절'은 호북성 자귀(湖北秭歸)현의 '굴원고향단오

풍습(屈原故里端午习俗)', 호북성 황석(黃石)시의 '서새신주회(西塞神舟会)', 호남성 율라(湖南汨罗)시의 '율라강변단오풍습(汨罗江畔端午习俗)', 강소성 소주(江苏苏州)시의 '소주단오풍습(苏州端午习俗)' 등 3개 성의 4부분을 함께 묶어 세계문화유산으로 신청하여 등재되었다. 매년 단오절이 되면 단오절이 세계문화유산으로 등재된 중국 지역에서는 다양한 행사가 열려 축제분위기를 더하고 있다.

제4절　중추절(中秋節)

　중국의 중추절은 한국의 추석과 마찬가지로 음력 8월 15일이다. 음력 7, 8, 9월 중 8월이 가을의 중간이고 15일이 8월의 중간이므로, 가을의 한가운데라는 의미에서 중추절(中秋節 또는 仲秋節)이라고 부른다. 민간에서는 추석(秋夕), 8월절(八月節), 월석(月夕) 등으로 부르기도 한다.

　중국의 중추절은 옛날 제왕들이 봄에는 해에게, 가을에는 달에게 제사를 지냈던 데에서 유래된 것으로 보인다. 민간에서도 중추절에 달에게 제사를 지내는 풍습이 있었지만, 지금은 달에게 제사를 지내는 것보다는 달구경을 하는 것이 중요한 행사가 되고 있다. 하여 중추절이 되면 중국인들은 온 가족이 모여, 월병을 먹으며 밝은 달을 감상한다. 이를 '배월(拜月, 바이웨)' 또는 '상월(賞月, 상웨)'이라 한다. '배월'은 날의 신에게 제사를 올리는 것이고, '상월'은 달을 감상하는 것인데, 한국의 '달맞이 풍습'이라 할 수 있다. 이날 중국의 각 사찰이나 공원 등에서는 '묘회(廟會, 먀오후이)'라 하여, 사자춤이나 용춤과 같은 전통무용을 공연하기도 한다. 사람들은 낮에는 각종 볼거리를 구경하고, 저녁에는 둥근 달을 감상하며 보낸다.

우리가 추석에 송편을 먹는 것처럼 중국 사람들은 중추절에 '월병(月餅, 웨빙)'이라는 전통과자를 먹는다. 월병은 둥근 달 모양을 닮아 화합과 단결을 상징한다. 또한 생활이 원만하고 매사 순조롭기를 바라는 마음을 담고 있다. 월병을 만드는 방법과 주재료는 각 지역마다 차이가 있다. 주로 단팥, 잣, 호두, 참깨, 대추 등의 소를 넣어 만드는데, 요즘은 과일을 넣어서 만들기도 한다. 거리의 상점들은 중추절 특수를 맞이해 다양한 가격대의 월병을 판매하고, 사람들은 서로 월병을 선물하며 명절 분위기를 즐긴다.

중국은 2008년부터 중추절(仲秋節)을 춘절(春節), 청명절(淸明節), 단오절(端午節)과 함께 국가 법정 공휴일로 제정했다. 중추절과 춘절, 국경절은 연휴가 길어 중국인들은 해외여행을 많이 간다.

제5절 중국의 기념일

중국의 대표적인 기념일로는 여성의 날(婦女節, 부녀절), 노동절(勞動節), 청년절(靑年節), 아동절(兒童節, 어린이날), 건군절(建軍節), 국경절(國慶節) 등이 있다. 이들 기념일은 근현대사의 진행과정, 특히 공산당의 정치적 역정(歷程)과 관련이 많다.

1. 여성의 날(婦女節)

중국의 여성의 날(婦女節)인 3월 8일은 국제적인 기념일인 세계 여성의 날이기도 하다.

중국은 1924년 여성인권활동을 하던 하향응(何香凝, 허샹이) 주도하에, 광주에서 최초로 여성의 날 기념행사를 가졌다. 1949년 중화인민공화국 성립 후 중앙인민정부 정무원(中央人民政府政務院)은 3월 8일을 '여성의 날' 공식기념일로 지정했다. 또한 중국국무원에서 발표한 〈전국명절 및 기념일 휴무방법(全國年節及紀念日放假辦法)〉의 제3조 '부분 공민 명절 및 기념일(部分公民放假的节日及紀念日)'에는 3월 8일 여성의 날 휴무에 관하여, 전국의 직장 여성들은 오전 근무만 하고, 오후는 휴무로 정하도록 명시했다. 국가적으로는 각종 기념행사를 개최하여 여성들의 노고를 치하하고, 직장에서는 모범적인 여성 직원에게 선물을 주거나 상여금을 지급하기도 한다. 가정에서는 남편이 아내를 위해 선물과 이벤트를 준비하고, 아이들은 어머니에게 감사의 편지와 함께 꽃을 선물하기도 한다.

2. 노동절(勞動節)

중국의 노동절(勞動節)은 세계 노동자의 날인 5월 1일과 같은 날이다. 중국 최초의 노동자의 날 행사는 1918년 상해(上海, 상하이), 소주(蘇州, 쑤저우), 항주(杭州, 항저우) 등지에서 당시 혁명적 지식인들이 '메이데이(May Day)'를 소개하는 전단을 뿌린 것에서 시작되었다. 1920년 5월 1일에는 북경(北京), 상해(上海), 광주(廣州, 광저우) 등 중국 대도시의 노동자들이 처음으로 거리행진과 집회를 가져 노동절을 기념했다. 중화인민공화국 설립 후 중국 중앙인민정부 정무원은 5월 1일을 노동절로 정하고, 중요한 국가 기념일 중 하나로 기념하고 있다. 또한 해마다 모범노동자를 선발하여 장려하며 이날을 기념하고 있으며, 정부차원에서 행사를 진행할 뿐만 아니라 1989년 이후부터 매 5년마다 전국 모범노동자와 우수 근로자들을 표창(表彰)하고 있다.

1949년 12월 23일 중국정부의 〈전국명절 및 기념일 휴무방법〉에는 노동절 즉 5월 1일 하루를 공휴일로 정했다. 1999년 9월 18일 발표한 〈국무원 〈전국명절 및 기념일 휴무 방법〉 수정에 관한 결정〉에서 다시 노동절 공휴일을 5월 1일부터 3일까지 3일간의 휴일로 정했다. 또한 휴일을 조정하여 주말과 함께 노동절을 중국의 '황금연휴(黃金周)'로 실시하고 있다. 2007년 12월 14일 노동절은 3일에서 1일로 축소되었지만 청명절(淸明節)과 단오절(端午節)을 공휴일로 지정했다. 따라서 주말과 휴무조절을 통해 전과 같이 '황금연휴(黃金周)'로 실시하고 있다. 덕분에 노동절 휴가기간을 길게는 7일로 조정할 수 있게 되었다. 개혁개방 이래 소비수준이 향상된 수많은 중국 사람들은 이 기간을 이용해 여행을 즐기게 되었다. 이 때문에 노동절이 다가오면 중국 전 지역은 연휴를 즐기려는 사람들로 떠들썩해진다.

3. 청년절(靑年節)

청년절(靑年節)은 5월 4일로, 대학생들을 중심으로 전개되었던 '5 · 4운동'을 기념하고, 학생들의 숭고한 정신을 기리기 위해 제정된 날이다. 5 · 4운동은 1919년 북경(北京) 천안문(天安門, 톈안먼)광장에서 수천 명의 학생들이 정부의 매국적인 대일외교정책과, 산동(山東)반도의 이권을 일본에 넘겨준다는 조약이 있는 파리강화회의 결과에 반대하여, 시위를 벌인 것에서 시작되었다.

1919년 제1차 세계대전이 종료된 후, 파리 베르사유 궁전에서 개최된 평화회담에서 중국도 전승국으로 참여하여, 중국에 대한 각국의 불평등조약에 의한 특권들을 폐지해 달라고 요구하였으나 거절당했다. 그리고 회의에서는 일본이 독일의 중국 내에서의 각종 특권을 승계하는 것으로 규정했다.

이러한 소식이 전해지자, 중국 민중들은 강한 불만을 드러냈고 북경대학을 중심으로 한 북경의 대학생들은 1919년 5월 4일 오후, 천안문광장에 모여 시위와 데모를 하였고, "청도를 돌려달라(還我靑島)", "대외적으로 주권을 찾고, 대내적으로 매국노를 척결하자(外爭主權, 內除國賊)"는 등의 구호를 외쳤다. 중국 대표는 중국 민중들의 반발에 의해 결국 파리강화회의의 협정 서명식에 참석하지 않았다.

1949년 12월 23일 중국 중앙정부 정무원은 매년 5월 4일을 중국의 청년절로 지정하여 기념하고 있다.

이날, 각종 기념행사가 거행되며, 지역에 따라 성인식을 거행하기도 한다. 중국에서 청년은 만 14세 이상부터 만 28세 사이의 남녀를 말한다. 이날 청년을 대상으로 한 중국정부의 법정 휴일은 반일이다.

4. 아동절(兒童節)

중국의 아동절(兒童節)은 세계 어린이날과 같은 6월 1일이다. 중국은 1931년에 공상희(孔祥熙, 콩샹시)가 설립한 중화자유협제회(中華慈幼協濟會)의 제의로 처음으로 4월 4일을 아동절, 즉 어린이날로 제정했었다. 그 후 1949년 국제민주여성연합회가 모스크바에서 거행한 회의에서 6월 1일을 세계 아동의 날로 제정했다. 중국은 1949년 12월 23일 국민정부가 정한 4월 4일을 폐지하고, 국제 어린이날인 6월 1일을 아동절로 정했다. 그 다음해인 1950년부터 이를 따르고 있다. 하지만 홍콩과 대만 등은 여전히 4월 4일을 어린이날로 지정해 기념하고 있다.

이날은 우리나라의 어린이날과 마찬가지로 곳곳에서 어린이들을 위한 다채로운 행사가 열린다. 아이들은 유치원과 초등학교에서 오락활동을 중심으로 이루어진 아동절 행사를 즐긴 후 집으로 돌아간다. 가정에서는 자녀를 위한 선물을 준비하고, 가족이 함께 즐거운 시간을 보낸다. 중국에서 어린이날은 법정 공휴일이 아니다. 따라서 만 14세 미만 어린이만 휴일이다.

5. 건군절(建軍節)

중국의 건국절(建軍節)은 8월 1일로 '중국 인민해방군(中國人民解放軍)' 건군 기념일이다.

1927년 8월 1일 주은래(周恩來, 저우언라이), 주덕(朱德, 주더), 하룡(賀龍, 허룽) 등이 군대를 이끌고 당시 호남(湖南)성 남창(南昌, 난창)에 있는 국민당 군대를 향한 무장봉기를 일으켰다. 이듬해 모택동(毛澤東, 마오쩌둥)과 합류하여, 중국공농홍군(中國工農紅軍) 제4군을 결성함으로써, 중국공산당은 독립적인 전투력을 가지게 되었다.

1933년 공산당은 남창무장봉기를 일으킨 8월 1일을 기념하여, 이날을 건군의 날로 제정했다. 이후 건군절에는 수도 북경의 천안문광장에서 열병식을 열어 국내외의 많은 지도자들을 초청하여, 중국의 군사력을 과시해 왔다. 특히 2017년 8월 1일 건군절 행사는 수도 북경이 아닌 내몽골에 위치한 '주일화합동전술훈련기지(朱日和合同戰術訓練基地)'에서 실시하였으며, 행사에는 주로 군과 관련된 인물들을 초청했다. 열병식에는 매년 인민복을 입고 열병식에 참석하던 것과는 달리, 군복을 입은 시진핑이 등장했다. 몽골어의 '심장(心臟)'이라는 뜻을 가진 '주일화(朱日和)' 훈련기지는, 중국 최대 규모를 갖춘 가장 현대화된 군사기지이다. 열병식에 등장한 무기들 또한 단순히 보여주는 것을 넘어, 내용에 있어서도 언제든지 실전에 투입될 수 있음을 과시했다.

중국의 8월 1일 건군절은 현역군인들이 반일만 근무한다.

6. 국경절(國慶節)

국경절(國慶節)은 10월 1일로 중화인민공화국의 건국기념일이다. 중국공산당은 1921년 창당된 이래, 반제반봉건의 구호를 외치며 안으로는 국민당, 밖으로는 일본과 맞서 기나긴 투쟁을 했다. 그리고 마침내 국민당 세력을 대만으로 패퇴시키고, 1949년 10월 1일 중화인민공화국이 성립되었음을 선포했다. 당해 12월 3일 중앙인민정부위원회(中央人民政府委員會) 제4차 회의에서 〈중화인민공화국 국경일에 관한 결의(關與中華人民共和國國慶日的決議)〉를 통과시켰다. 그 후 매년 10월 1일을 중국의 건국기념일인 국경일로 정했다. 국경절에는 대대적인 경축행사가 진행된다. 1950년부터 1959년까지는 매년 성대한 경축행사와 열병식을 거행했다. 1960년부터 1983년까지는 경축행사를 거행했으나, 열병식은 진행되지 않았다. 건국 35주년이었던 1984년과 건국 50주년이었던 1999년 10월 1일에는, 성대한 경축행사와 열병식을 거행했으며, 특히 2009년에는 건국 60주년을 맞이하여, 천안문광장에서 중화인민공화국 건국 이래 최대의 열병식이 거행되었다. 최첨단무기들이 총동원되었으며 역사상 최대 규모의 군사행진이 펼쳐져, 높아진 중국의 위상을 전 세계에 과시했다.

중국의 국경절은 춘절(春節), 노동절(勞動節)과 함께 중국의 3대 황금주(黃金周) 중의 하나로, 법정 공휴일은 3일이다. 2000년부터 전국이 국경절 전후 2주의 주말과 함께 총 7일로 휴무기간을 조정하였다. 이에 따라 국경절은 '국경장가(國慶長假), 또는 십일황금주(十一黃金周)'라 불리고 있다.

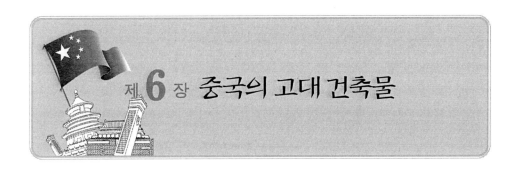

제 **6** 장 중국의 고대 건축물

　중국은 땅이 넓은 만큼 독특하고 웅장한 많은 고대 건축물들을 보유하고 있다. 중국 영토 내의 다양한 민족들이 자신들의 만족과 수요를 충족시키기 위해 끊임없이 발전시켰던 고대 건축물들은, 오늘날 중국의 국가문화유산이나 세계문화유산으로 등재되며, 그 가치를 인정받고 있다. 건축물의 분포와 특징을 보면 한족(漢族)들의 건축물 분포범위가 가장 넓고 수량이 가장 많으며, 각 민족의 건축물 또한 독특한 특징과 다채로움을 보여주고 있다.

　중국 고건축의 역사를 보면 진대(秦代) 이전에는 주로 목재와 진흙 그리고 풀을 사용한 토목구조로 된 초가집이었다. 안양(安陽) 은허(殷墟)에서 발굴된 옛터 위에 은나라 대전(大殿)각을 모방하여 복원한 을20방은대전(乙二十倣殷大殿)을 보더라도 주로 황토와 목재를 사용했다. 방의 기초는 주춧돌 위에 세웠으며 기둥은 나무를 사용했고 담장은 흙을 다진 판축(版築)을 사용하였으며 지붕은 이엉(茅草)으로 덮었는데 이는 《주례고공기(周禮考工記)》에 기록된 '삘기지붕 흙계단(茅茨土階)'의 공법을 사용한 것이다.

을20방은대전(乙二十倣殷大殿)

그 후 진한(秦漢)시기가 되면서 흙을 다지는 항토(夯土)기술로 벽돌과 기와를 만들어 벽돌건축(石建築)을 지었다. 목조기술 또한 날로 발전하여 겹지붕(疊梁式)과 천두식(穿斗式) 목조구조양식이 형성되었다.

함양궁(咸陽宮, 秦, 기원전 350년)

한(漢)대에는 고건축의 주요 양식인 두공(斗拱)양식이 보편적으로 사용되었다. 수당(隋唐)시기는 건축체계가 성숙된 시기로, 벽돌과 유약기와(琉璃瓦)를 만드는 기술도 상당히 발전했다.

방고수당건축물(倣古隋唐(605년)建築物)인, 응천문(應天文)

명대(明朝)에 이르러서는 벽돌과 유약기와의 사용량과 품질이 이전 어떤 시기보다도 뛰어났다. 관식(官式: 궁전 등 고급 건축물)건축 또한 고도의 규격화 및 정형화되었다. 청(淸)대에는 건축군의 배치가 더욱 성숙되어, 지형과 환경을 활용하여 건축군의 아름다움을 살렸다. 건축물 장식과 그림을 활용하는 기법 또한 더욱 정형화되었다.

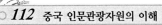

명 · 청대의 사직단(社稷壇)

　　이처럼 중국의 고대건축물은 시대적인 발전을 거듭하면서, 후세에 많은 인
문자원들을 남겼다. 중국의 대표적인 고대 건축물로는 궁전(宮殿), 단묘(壇廟),
능묘(陵墓), 종교건축(宗敎建築), 성곽(城郭), 사원(寺院), 도시공공건축(都市
公共建築), 원림건축(園林建築), 민가(民居), 교량(橋梁) 등이 있다. 그중 궁전
(宮殿)은 대형 건축군(建築群)으로 구성되어, 웅장함과 화려함을 겸하고 있다.
특히 청대 초기 궁전이었던 심양고궁과 티베트족의 포탈라궁(布達拉宮)은 소
수민족만의 독특한 건축양식을 잘 보여주고 있다. 포탈라궁은 궁전(宮殿)과
성곽(城堡) 및 사찰의 형식을 집성한 건축물이며, 심양고궁(沈陽故宮)은 중국
현존 2대 궁궐 건축물 중 하나로, 지역적 특색과 만주족(滿族)의 농후한 민족
적 특색을 모두 갖추고 있다.

제1절 포탈라궁(布達拉宮, 뿌다라궁)

포탈라궁은 중국 서장(西藏, 티베트)자치구 라싸(拉薩)시에 소재해 있다. 서장자치구는 중국 서남부의 티베트에 있는 소수민족 자치구로 약칭(簡稱)은 장(藏)이다. 라싸는 서장자치구의 최대도시이다. 이곳은 티베트의 정치·경제·문화·종교의 중심지로서, 서장불교(藏傳佛敎)의 성지(聖地)이기도 하다. 또한 히말라야(喜瑪拉雅)산맥 북쪽에 있으며, 해발 3,650m에 달한다.

라싸시의 도시전경

라싸는 1년 사계절 날씨가 청명하고 강수량이 적다. 겨울의 혹한이나 여름의 혹서도 없다. 또한 연중 일조시간이 3,000시간에 달하여, 일명 '일광성(日光城, 햇빛의 도시)'으로 불리기도 한다. 라싸는 공기가 맑고 햇빛이 찬란하여, 낮에는 따뜻하고 밤에는 기온이 낮아, 무더운 여름의 좋은 피서지이기도 하다. 하여 4월에서 10월까지가 관광하기 가장 좋은 시기이다. 라싸시의 주요 관광명소로는 포탈라궁(布達拉宮), 대소사(大昭寺), 팔곽가(八廓街) 등이 있다. 그중 포탈라궁은 티베트 전통건축의 걸작으로서 홍산 기슭에 요새의 형태로 지은 고층 건축물이다.

1. 포탈라궁의 명칭과 건축배경

포탈라궁의 건축에 대해서는 여러 설이 있다. 일설에는 송찬간포(松贊幹布, Songtsän Gampo)가 당(唐)나라 문성공주(文成公主)를 위하여 포탈라궁을 건축했다고 하고, 문성공주가 추산(推算)하여 송찬간포에게 포탈라궁의 건축을 건의했다고도 한다. 그 외에 일설에는 서기 7세기 초 송찬간포(松贊幹布)가 무력으로 티베트를 통일하고, 라싸(拉薩)에 도읍을 정하며 강대한 토번(吐蕃)정권을 수립하고, 외부침략의 방어목적으로 라싸(拉薩)에 있는 마포일산(瑪布日山, 마부르산)이라고도 불리는 홍산(紅山)에 홍산궁(紅山宮)을 건축했다고 한다. 홍산궁은 티베트어로 파장마이포적자(頗章瑪爾布赤子)라고 불리는데, 즉 홍산 위의 궁전이라는 뜻이다. 그 후 송찬간포는 불교를 도입하여 티베트의 각 부족을 단합하는 사상적 무기로 삼으려 했다. 그는 인도에서 관음상(觀音像)을 들여와 파장마이포적자에 모셨는데, 장족(藏族) 사료(史料)에 따르면, 이 아아락격하열(阿雅洛格夏熱)이라는 성관음상(聖觀音像)은 단향나무(檀香樹) 안에서 자생하여 형성된 것이라고 한다. 오늘날의 단향목관음상의 모습은 후세인들이 끊임없이 그 위에 도금한 모습이다.

포탈라궁은 성관음(聖觀音)을 주공불(主供佛)로 삼고 있다. 이는 서장(西藏, 티베트)사람들이 전통적으로 관음보살은 서장(西藏, 티베트)과 특별한 인연이 있다고 믿기 때문이다. 전설에 따르면 관세음보살 좌전(座前)의 영후(靈猴) 한 마리가 설성(雪城)에 내려와, 한 요정(女妖)과 여섯 명의 붉은 얼굴(赤面)을 가진 식육(食肉) 동자(童子)를 낳았는데, 그들이 바로 장족(藏族, 티베트족)의 조상이라 한다.

아아락격하열—성관음상(阿雅洛格夏熱—聖觀音像)

장족의 탄생이 관세음보살과 이토록 밀접한 관계가 있으니, 관세음보살이 장족인들의 마음속에 어떤 위치를 차지하고 있는지를 알 수 있다. 또한 장족 사람들은 송찬간포(松贊幹布, Songtsän Gampo)를 관세음보살의 화신으로 믿고 있다. 따라서 그가 거주하는 궁전은 자연히 관세음보살의 도장(道場)이 되는 것이다. 이러한 이유로 송찬간포(松贊幹布, Songtsän Gampo)의 홍산 위의 궁전은 '파장마이포적자(頗章瑪爾布赤子)'라는 명칭에서 포탈라(布達拉)로 바뀌게 되는데, 장족어(藏語, 티베트어)의 '포탈라'는 '관세음보살이 거주하는 곳'이라는 뜻이다.

포탈라궁(布達拉宮)은 당시 해발 3,700m인 홍산에 총 999칸으로 건축된 궁전으로, 산봉(山峰)의 정상부에 있으며, 티베트 건축의 특징을 잘 보여주고 있다. 궁전의 총면적은 13만m²에 달하며, 궁전의 외부는 대형 화강석을 이용하였고 지붕은 금동기와를 얹었다. 포탈라궁(布達拉宮) 궁체주루(宮體主樓)의 높이는 115.7m, 동서 폭 360m, 남북 140m로, 외관상 13층이나 실제로는 9층으로 이루어져 있다. 아래쪽의 4층은 암석을 절개하여 건축한 축대로 되어 있다. 《서장지 위장통지(西藏志衛藏通志)》에는 "포탈라는 평지에 우뚝 솟은 높이가 약 2리(里)인 석산의 산세를 따라 13층의 건물을 겹쳐 쌓은 것이며, 위의 금전(金殿) 3채는 당(唐)나라 공주의 궁전이었다. 금전(金殿) 아래는 5개의 금탑이 있었고…… 각 전각에는 역대 진귀한 기물(器皿)로 가득 채워 진열되어 있다. 달라이 라마가 그 안에서 거주했으니 그곳은 서장(티베트)의 제일 성지이다. (布達拉, 乃平地起一石山, 高約二裏許, 就其山勢疊砌成樓. 高一十三層, 上有金殿三座, 亦唐公主所建之宮室. 其金殿之下, 有金塔五座……各殿中陳設曆代寶珍器皿, 充盈彙集, 達賴喇嘛居住於内, 乃西藏第一勝區也.)"라고 기록되어 있다. 이는 포탈라궁이 단지 궁전의 역할을 하기 보다는 종교적 색채가 농후함을 말해주고 있다. 포탈라궁은 건축 이후 여러 차례 보수와 중건을 거쳐, 1933년 제13대 달라이 라마(達賴喇嘛)가 원적(圓寂)한 후 비로소 오늘날 포탈라궁의 모습에 이르렀다고 한다.

2. 포탈라궁의 건축구조와 증축과정

포탈라궁은 자연을 훼손하지 않고 고원지대 일조규칙에 따라, 독특한 건축 구조로 건축된 건축물이다. 건축자재는 주로 흙과 돌 그리고 나무를 사용했다. 궁전 내부의 각 대청(大廳)과 침실에는 천창(天窓, 지붕창)이 있어 햇볕이 방에 잘 들 뿐만 아니라, 서로 연결된 복도들은 햇빛 굴절이 용이하게 되어 있다. 기초는 인공으로 다지고 바닥에 이랑(地壟)과 통풍구를 만들어 그 위에 건물을 지었다. 그리고 이랑(地壟)과 통풍구들은 자연통풍관 역할을 하고 있어, 방마다 천장에서 들어오는 공기와 햇빛이 이랑(地壟)을 통해 외부와 순환하게 된다.

홍궁 최상부의 장수락집전(长寿乐集殿)/홍궁(紅宮) 4층에 위치한 서대전(西大殿)

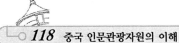

따라서 두께가 5m에 달하는 벽면이라 할지라도 궁전 내부에는 여전히 햇빛이 잘 들고 공기순환이 잘 되어, 겨울에는 따뜻하고 여름에는 시원하다. 이런 독특한 구조는 포탈라궁을 오늘날까지 잘 보존할 수 있도록 조건을 마련해 주었다. 또한 궁전 안에는 불상들이 가득할 뿐만 아니라 기둥과 들보에는 조각들이 새겨져 있고, 벽면에는 각종 채색벽화가 그려져 있어, 장족(藏族)들의 독특한 건축양식을 잘 보여주고 있다.

포탈라궁은 하나의 건축군(建築群)으로서 위로 각각 설로성(雪老城), 백궁(白宮), 홍궁(紅宮)으로 이루어져 있다. 이는 불교에서의 욕계(欲界), 색계(色界), 무색계(無色界)의 삼계설(三界說)을 나타내고 있다. 뿐만 아니라 포탈라궁 주체건물의 색채 또한 각기 다른 의미를 뜻하고 있다. 흰색은 자비를, 붉은색은 지혜와 힘을, 황금색은 지고무상(至高無上)한 권력을 상징한다.

설로성(雪老城)은 산 앞의 방성(方城)을 말하며, 이곳은 세속의 것들로 가득한 장소이다. 백궁(白宮)은 역대 달라이 라마(達賴喇嘛)들의 거처이자 정치종교 활동을 하던 곳이다. 백궁의 중심건물인 동대전(東大殿)은 중요한 정치·종교 의식을 거행하던 곳이다. 동대전의 복도를 나오면 명절 때 달라이 라마가 종교공연이나 티베트공연을 감상하던 넓은 광장이 있고, 광장 뒤에는 승관학교(僧官學校)가 자리하고 있다. 이곳의 맨 위쪽에는 달라이 라마의 개인공간인 일광전(日光殿)이 전통건축양식으로 세워져 있다. 홍궁은 각종 불전(佛殿)으로 구성되어 있으며, 달라이 라마(達賴喇嘛)들의 영탑(靈塔)도 모셔두고 있다. 위치적으로는 홍궁이 중앙에 위치하고 동쪽으로 백궁이 인접하며, 서쪽은 승려들의 숙소인 찰하(紮廈)가 자리하고 있다. 궁전으로 올라가기 위해서는 원만회집도(圓滿匯集道)를 걸어야 하는데, 이 길은 '지(之)'자형으로 천상과 인간을 연결하는 길이라고 한다. 이 산길은 9백여 개의 돌계단으로 되어 있는데 달라이 라마의 귀한 손님이든 아니면 귀족이든, 그도 아니면 물을 길어 나르는 승려이든, 신분고하를 막론하고 모두 이 길을 걸어야만 궁전으로 올라갈 수 있다. 9백여 개의 계단을 오르고 나면 온몸에 원만(圓滿)함이 가득 채워진다고 한다. 원만회집도 끝에는 높은 문루(門樓)가 있는데 문루 앞에는 커튼으로 가려 안을 볼 수 없게 했다. 위로 더 올라가면 색계(色界), 더 위로 올라가면 천계(天界)의 백궁이다. 바로 옆의 홍궁은 벽이 전부 1m 두께의 화강암으로 쌓은 것이다. 궁전의 건축물들은 서로 연결되어 혼연일체를 이루고 있다.

포탈라궁은 홍궁이 건축된 이후 서기 9세기부터 17세기까지, 티베트의 정치중심지가 거듭 바뀌면서 중건되지 못했다. 그 후 1642년 라싸는 5세(世) 달라이 라마(達賴喇嘛)인 락상가조(洛桑嘉措)가 갈단파장(噶丹頗章) 정권을 건립하면서, 다시 청장(淸藏)고원의 정치적 중심지로 바뀌게 된다. 그리고 1645년 락상가조(洛桑嘉措)는 포탈라궁전(布達拉宮)을 중건하면서 백궁(白宮)을 건축하게 된다. 그 후 1653년 5세 달라이 라마가 입주한 이래, 역대 달라이 라마(達賴喇嘛)들이 모두 이곳에서 거주했다. 또한 중요한 종교와 정치의식이 거행되어 포탈라궁(布達拉宮)은 티베트의 정치와 종교의 중심지로 통치의 중심지가 되었다.

5세(世) 달라이 라마가 사망한 이후, 포탈라궁(布達拉宮)은 계속 확장공사를 진행해 홍궁(紅宮)을 증축했다. 홍궁 증축 당시 현지의 장인은 물론이고 청(淸)정부와 네팔정부도 기술자를 파견했는데, 매일 공사에 참여한 인력이 7,700여 명에 달했다고 한다. 공사비용은 약 백은(白銀) 213만 냥(兩)으로 공사기간은 48년이 걸려 1693년에 완공되었다.

포탈라궁(布達拉宮)은 이처럼 완공 후 여러 차례 진행된 확장공사로 현재의 규모가 되었다. 그 후 1959년 3월 17일 14세 달라이 라마 단증가조(丹增嘉措(톈지갸쵸), 1989년 12월 10일 노벨평화상 수상)가 티베트를 떠나 망명하면서, 정치활동의 중심지로서의 역할은 중단되고 종교적 기능만 남게 되었다.

1988년 궁전의 보수계획에 따라 1989년부터 대규모 보수공사와 문물조사 및 등록사업이 시작되어 1994년 마무리되었다.

포탈라궁(布達拉宮) 전경

포탈라궁은 1994년 유네스코(UNESCO) 세계문화유산으로 등재되었다.

중국은 티베트를 서장(西藏, 시짱)이라고 부르며, 티베트족은 장족(藏族)이라고 부른다. 티베트는 1910년 보호와 간섭을 하던 청이 티베트고원에 군대를 파견하였고, 1912년 중화민국이 성립되자 청나라의 군대 진주 당시 망명했던 제13대 달라이 라마가 다시 티베트로 돌아온다. 그는 한족 관리들을 내쫓고 중국과 관계 단절을 선언했다. 그 후 1950년 중국 군대가 티베트로 진군하여, 1951년 티베트 정부는 중국정부와 조약을 맺게 되고, 중국 군대가 티베트에 진주하게 된다. 1959년 대규모 독립시위가 일어나고, 종교 지도자인 제14대 달라이 라마가 인도로 망명하게 된다. 1965년 9월 9일 중국정부는 서장자치구 설립을 선포했다.

제2절 ┃ 심양고궁(沈陽故宮, 선양고궁)

심양고궁은 요녕(遼寧)성 심양(沈陽, 선양)시 심하(沈河, 선허)구에 위치한 후금(后金)과 청(淸)초의 황궁이다. 또한 중국의 마지막 봉건황조(封建皇朝)의 창시자인 청(淸)태조 누르하치(努爾哈赤)와 황태극(皇太極)이 조성한 궁궐이다. 심양고궁은 중국에서 유일하게 보존되어 있는 2대 고대궁전 건축군 중 하나로 역사유적뿐만 아니라 관광명소로도 유명하다.

1. 건축배경

1615년 누르하치는 지금의 요녕성(遼寧省) 신빈(新賓)현의 혁도아라성(赫都阿拉城)에 도읍을 정하고 국호를 금(金)으로, 연호는 천명(天命)으로 정했다. 그 후 천명 6년(1621) 다시 요양(遼陽)으로 천도하였으며, 천명 10년(1625), 다시 금 심양으로 천도했다. 심양고궁은 후금(後金) 천명(天命) 10년(1625)에서 청(淸) 숭덕(崇德) 원년(1636)에 건축되었다. 심양고궁이 건축된 1636년 황태극(皇太極, 황타이지)은 국호를 대청(大淸)으로 정했다. 그 후 1644년 청(淸)의 순치(順治) 원년에 산해관(山海關, 산하이관)을 통해 중원으로 진입했다. 그때부터 심양고궁은 황궁의 지위를 상실하고 배도행궁(陪都行宮)이 되었다. 도읍을 자금성으로 옮긴 후에도 심양고궁은 강희(康熙)제, 건륭(乾隆)제, 가경(嘉慶)제 등 시기에 수차례 증수(增修)와 증축을 거쳐 현재의 모습을 갖추었다.

2. 건축구조

심양고궁은 총 114채 건물의 500여 칸으로 이루어졌으며, 역사적으로 성경궁전(盛京宮殿), 배도궁전(陪都宮殿), 유도궁전(留都宮殿), 봉천궁전(奉天宮殿),

성경황궁(盛京皇宮) 등으로 불리며 현재까지 잘 보존되어 있다.

심양고궁은 크게 동로(東路), 중로(中路), 서로(西路)의 세 부분으로 나누어진다. 동로(東路)는 노루하치(努爾哈赤)시기에 건축한 것으로, 대정전(大政殿)을 중심으로 동서양 쪽에 십왕정(十王亭)이 기러기 모양으로 펼쳐져 있다. 이는 청나라 군사제도인 팔기제도를 반영한 건축물로, 중요한 의식을 거행하고 팔기대신(八旗大臣)들이 사무를 보던 곳이다. 이들 건축물은 중국 전통의 구도를 벗어나, 대정전은 남쪽을 바라보며 가운데 위치하고, 십왕정은 좌익왕정(左翼王亭)과 우익왕정(右翼王亭)을 중심으로, 두 갈래로 펼쳐져 있다. 동쪽의 좌익왕정은 아래로 내려가면서 양황기정(鑲黃旗亭), 정백기정(正白旗亭), 양백기정(鑲白旗亭), 정람기정(正藍旗亭)이 있다. 서쪽의 우익왕정은 아래로 내려가면서 정황기정(正黃旗亭), 정홍기정(正紅旗亭), 양홍기정(鑲紅旗亭), 양람기정(鑲藍旗亭)이 있다. 이러한 배치는 대정전의 중심적인 지위가 더욱 두드러져 보인다. 팔기정(八旗亭)은 청나라 때 만주족(滿洲族) 특유의 '팔기(八旗)' 제도를 대표한다. 만주족 모두가 팔기에 속하며 황제가 통솔한다. 대정전과 십왕정의 배치는 만주족의 광야군(曠野軍)조직의 막사 배열방식을 따른 것으로, 만주족 정권의 특징을 잘 보여준다.

심양고궁(瀋陽故宮) 동로전경(東路全景)

중로(中路)는 심양고궁의 주요 건축군으로, 남쪽의 정문인 대청문(大淸門)으로 들어와 어도(禦道)를 지나 숭정전(崇政殿)으로 연결된다. 숭정전(崇政殿)은 정전(正殿)이라고도 불리는데, 이곳은 심양고궁 내에서 가장 높고 큰 단층 건축물로, 황제가 일상적인 조회(朝會)와 정무를 처리하던 장소이다. 숭정전 뒤쪽에 위치한 봉황루(鳳凰樓)는 4m 높이인 벽돌기단에 세워진 3층 헐산식(三滴水歇山式) 지붕에 푸른색 유리기와를 얹었고, 테두리는 청록색으로 장식했다. 봉황루는 주로 황제가 후궁들과 연회(宴會)나 휴식을 취하면서 책을 읽고 공무를 보던 장소이다. 또한 심양고궁에서 가장 높은 건물로 황제가 정무를 보고받고, 주요 의례를 행하던 숭정전과 황제의 침소인 청녕궁 사이에 높게 세워져 있다. 이는 여느 궁궐에서 보기 드문 심양고궁에서만 볼 수 있는 독특한 구조이다. 봉황루에는 건륭(乾隆)황제의 어필 '자기동래(紫氣東來)' 편액을 소장하고 있다. 봉황루 뒤쪽에는 청녕궁(淸寧宮)이 자리하고 있으며, 중로의 양측에는 서로 대칭이 되게 동궁(東宮)과 서궁(西宮)이 자리 잡고 있다.

중로 뒤쪽의 내정은 사합원(四合院)으로, 높은 언덕에 자리하고 있으며, 마치 성보(城堡)처럼 되어 있어 방어기능이 뛰어나다. 중궁(中宮) 정문 앞에 세워진 붉은 칠을 한 목간(木杆)은 꼭대기 부분에 석두(錫鬥)가 씌워져 있다. 이것은 다른 말로 '색윤간(索倫杆)'이라고도 하며, 만주족이 전통적으로 하늘에 제사를 지낼 때 사용하는 '신간(神杆)'이면서 만주족 주택의 주요 상징물이다. 만주족의 전통을 보면, 이 신간을 사용해 하늘에 제사를 지낼 때, 꼭대기 부분에 달린 석두 속에 쌀의 부스러기와 잘게 썬 돼지 내장을 넣어두는데, 이것들은 까마귀에게 먹이로 주어 하늘에 제사 지내는 것을 뜻한다. 이런 관습은 그들의 전설에서 유래되었다.

전설에 의하면 청나라의 기틀을 닦은 누르하치(努爾哈赤)가 어렸을 때 적에게 쫓겨 위험에 처해, 더 이상 도망갈 곳이 없게 되자, 풀숲에 숨어 자신의 운명을 하늘에 맡기게 되는데, 이때 하늘에서 까마귀 떼가 날아오더니 그의 몸을 덮어 숨겨줘서, 위험에서 벗어날 수 있었다고 한다. 그 후 누르하치는 만주족 정권을 수립하고, 당시 까마귀의 은혜에 보답하고자 명을 내려, 만주족 백성들은 모두 자신의 집앞에 목간을 세우고 석두를 씌운 다음 까마귀에게 먹을 것을 주도록 했다. 이것이 오늘날 황궁 내에서 볼 수 있는 색윤간의 기원이다.

심양고궁(瀋陽故宮) 중로전경(中路全景)

서로(西路)는 중앙축선을 따라 배치되어, 모두 5개의 정원과 공연장인 희대(戲臺)와 앙희재(仰熙齋) 그리고 이곳의 주요 건축물인 문소각(文溯閣)이 자리하고 있다. 문소각(文溯閣)은 장서각(藏書閣)으로 사용했는데, 문소각(文溯閣)의 소(溯)자는 물수 변으로, 그 이름을 통해 화재를 방지하려는 뜻이 숨어 있다.

문소각(文溯閣)

심양고궁은 현재 심양고궁박물원(沈陽故宮博物院)이라 이름하여, 2004년 UNESCO 세계유산인 북경고궁에 추가되어, 명청황궁문화유산(明淸皇宮文化遺産) 확대항목으로 추가 등재되었다.

제 2 부

중국의 고도(古都)

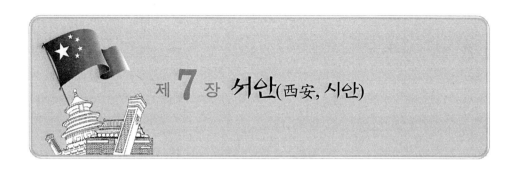

제 **7** 장 **서안**(西安, 시안)

섬서(陝西, 산시)성 성도(省會)인 서안은 역사적으로, 서주(西周)부터 진(秦), 서한(西漢), 신망(新莽), 동한(東漢), 서진(西晉), 전조(前趙), 전진(前秦), 후진 (後秦), 서위(西魏), 북주(北周), 수(隋), 당(唐)에 이르기까지, 1000년 여 동안 무려 13개 왕조가 이곳에 도읍을 정했다. 따라서 중국 역사에 깊은 영향을 남긴 수많은 역사적 사건들이 이곳에서 발생했다. 이곳의 산과 강, 성곽과 촌락에 남아 있는 많은 유적들은, 사람들에게 지나간 이야기들을 들려주며, 관광명소로 남아 있다. 그중 지대한 역사적 보존가치를 지닌 진시황릉(秦始皇陵)과 병마용 (兵馬俑), 장안궁(長安宮), 화청지(華淸池), 아방궁(阿房宮), 대안탑(大雁塔), 비림(碑林) 등은 오늘날 서안을 방문하는 관광객들이 반드시 들르는 곳이다.

제1절 진시황릉(秦始皇陵)과 병마용(兵馬俑)

춘추전국시대의 혼란했던 중국을 통일한 진나라 시황제(始皇帝)는, 성은 영 (嬴)이고 이름은 정(政)이다.

기원전 221년 천하를 통일한 영정(嬴政)은 스스로 자신을 황제(皇帝)라 칭하고, 이후 제위 계승자는 2세 황제, 3세 황제로 부를 것을 명했다. 본래 주나라 이전까지 제(帝)는 인간이 아닌 상제(上帝)와 천상의 신에 대한 호칭이었

고, 인간의 군주는 왕이었을 뿐이었다. 그러나 진시황(秦始皇) 이후 황제의 호칭은 청나라 말기 중국 군주제가 사라질 때까지 임금을 부르는 호칭이 되었다. 또한 짐(朕), 폐하(陛下) 등의 호칭은 오직 황제만이 사용할 수 있었다.

진시황은 봉건제를 폐지하고 중앙집권을 위한 군현제(郡縣制)를 채택하는 등 정치체제를 완비함과 동시에 문자, 화폐, 법률, 도량형을 통일시켜, 중국의 통합에 절대적인 기반을 마련했다. 그러나 다른 한편으로 분서갱유(焚書坑儒)를 자행하고, 만리장성을 비롯한 대규모 토목공사로, 인력과 물자를 동원함으로써 백성들을 혹사시킨 군주였다. 그가 자행했던 분서갱유는 기원전 231년 제자백가의 책을 모두 불태운 분서(焚書)와 기원전 230년 460명의 유생을 구덩이에 매장한 갱유(坑儒)사건을 함께 명명하여 진시황의 '분서갱유(焚書坑儒)'라 한다.

진시황은 또한 불로장생의 유혹에 빠져 서복(徐福, 서불(徐市) 또는 서시(徐市)라고도 한다)에게 어린 남녀 수천 명을 주며 멀리 동쪽에 가서 불로초를 구해오도록 했다. 그러나 서복은 끝내 진나라로 돌아가지 않았는데, 그가 일본에 정착해서 일본 왕실의 시조가 되었다는 전설도 있다. 제주도 서귀포에 있는 서복전시관에서는 서불에 관한 전시자료들을 볼 수 있다. 불로초를 찾기 위해 중국 산동(山東)성을 출발한 서복 일행은, 해류를 따라 한반도 서해안을 지나 제주도에 도착한다. 그는 영주산(한라산의 옛 이름)에 올라 불로초를 구하기 위해 서귀포에 닻을 내렸지만, 불로초를 구하지 못하고 일본으로 갔다고 한다. 그는 일본으로 가면서 정방폭포 담벼락에 서불과지(徐市過之)라는 글을 새겨놓았다. 오늘날 서귀포(西歸浦)의 지명이 서복이 서쪽으로 돌아간 포구라는 뜻으로 '서귀포(西歸浦)'라 붙여졌다고 전하고 있다.

지시황은 이처럼 불로장생을 꿈꾸었지만, 진시황 37년(기원전 210) 7월 동쪽 순방(東巡) 도중 죽게 되어 9월에 여산(驪山)에 묻히게 된다. 그가 묻힌 진시황릉은 진시황 생전에 30여 년이나 걸려 만든 능묘이다. 이 능은 중국 역사상 최초의 황제의 능묘일 뿐만 아니라, 가장 거대한 황제의 능묘이기도 하다.

　진시황릉은 동서 485m, 남북 515m, 높이 약 76m의 거대한 능이다. 사마천이 저술한 《사기(史記)》〈진시황본기(秦始皇本紀)〉에 따르면, 시황제 즉위 초에 착공을 시작하여, 중국 천하를 통일한 이후에는 70여 만 명이 동원되어 완성되었다. 내부에는 수은으로 강과 바다를 만들어놓고, 기계적인 동력으로 수은이 끊임없이 흐르도록 했으며, 천장에는 해와 달과 별 등 천체의 모습이 장식되어 있고, 바닥은 중국의 산천과 지형에 의거해 산과 강, 성곽 등을 설치했다고 한다. 능 내부는 도롱뇽 기름으로 만든 초로 불을 밝혔는데, 이런 초는 불을 붙이면 아주 오래 타며 쉽게 꺼지지 않는다. 진시황이 죽은 후 황위를 물려받은 진 이세(秦二世) 호해(胡亥)는, 황궁 내에서 자식이 없는 궁녀를 모두 순장하라 명했고, 비밀이 새나가는 것을 방지하기 위해 지하궁전 건설에 참여했던 기술자들 역시 그 속에 산 채로 묻어버렸다. 천상과 지상을 모방해 만든 진시황 지하궁전은 도굴을 막기 위해 도굴자가 접근하면 화살이 자동 발사하는 비밀스러운 장치도 갖추었다고 기록하고 있지만, 아직 발굴되지 않아 밝혀진 바는 없다.

진시황릉

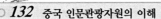

서안 시내 동북쪽으로 약 30km, 진시황릉에서 북동쪽으로 1.5km 떨어진 곳에는 진시황릉 배장갱(陪葬坑)인 병마용갱(兵馬俑坑)이 있다. 이 병마용갱은 1974년 3월 중국의 한 농부가 우물을 파다가 우연히 파손된 사람모양의 도용(陶俑)을 발견하면서, 많은 병마용의 존재가 밝혀지게 되었다. 1974년부터 시작된 고고학자들의 발굴은 세계를 놀라게 했다.

최초로 발굴된 1호갱 양옆에는 각각 1개의 병마용갱이 있었는데 각각 2호갱과 3호갱이라 부른다. 4호갱도 발굴되었지만 4호갱에 도용은 없고 흙으로 다시 채워진 흔적만 남아 있었다. 고고학자들은 이를 진(秦)말 농민봉기로 공사가 진행되지 못한 것으로 추정하고 있다.

발굴된 병마용갱은 모두 '좌서조동(坐西朝東)'의 형식으로 '품(品)'자형 배열을 이루고 있었다. 세 곳의 병마용갱에서는 거의 10,0000점에 달하는 도용(陶俑)과 수백 필의 말, 그리고 수백 대의 전차(戰車)와 다량의 실전 병기들이 출토되었다. 그중에서 1호갱은 '우군(右軍)'으로 실물과 동일한 크기의 도용과 도마(陶馬) 6,000점 정도가 매장되어 있었다. 이들은 38열 종대(縱隊) 대형을 유지하며 주력(主力), 선발대, 측면 담당, 후위(後衛) 등 몇 개 부분으로 나누어져 있었다. 이것은 고대 병서에 나오는 포진법(布陣法)에 완벽하게 부합된다. 2호갱은 '좌군(左軍)'으로 도용과 도마 1,000여 점, 그리고 전차 80여 대가 매장되어 있었고 보병, 기병, 전차 등 병과(兵科)가 혼합 편제된 곡선형태의 대형을 유지하고 있었다. 도용들의 병기 역시 병과와 전투위치에 따라 각기 활, 노(弩), 창, 방패, 극(戟), 도끼, 검 등으로 다양했다. 3호갱은 출토품이 가장 적었으며, 무사용(武士俑) 68점과 전차 1대, 그리고 도마 4필이 매장되어 있었다. 이 갱은 전체 지하대군을 통솔하는 지휘부로, 중앙에 쭉 늘어선 병사용 갑옷과 장식으로 보아, 이 갱의 도용(陶俑)은 장교수준의 병사였을 것으로 추측하고 있다.

진시황병마용은 그 방대함과 웅장함으로 '세계 8대 기적'으로 불리고 있다. 진시황릉과 병마용갱은 1987년 12월 유네스코 세계문화유산으로 등재되었다.

진시황병마용(秦始皇兵馬俑)

제2절 | 아방궁(阿房宮)

아방궁은 서안시(西安市) 서쪽 15km에 자리 잡고 있었으며, 천하제일궁(天下第一宮)으로 불리는 황궁이었다.

《사기 · 진시황본기》에는 "시황제는 함양이 사람이 많고 선왕의 궁전은 너무 작다고 생각했다.…… 그리하여 상림원(上林苑)에 큰 조궁(朝宮)공사를 시작했다(始皇以爲鹹陽人多, 先王之宮廷小。…… 乃營作朝宮上林苑中。)"는 내용이 있다. 궁전은 진시황 35년(기원전 212)에 착공되었으나 진시황은 준공을 보지 못하고 죽었다고 전하고 있다. 기록에 의하면 시황제가 재위할 당시 전전(前殿)만 완성된 상태였다고 한다. 지금 남아 있는 전전의 터는 길이가 1,320m, 너비는 420m, 가장 높은 곳은 7~9m에 이르는 흙으로 쌓은 궁전 기초부분과 전궁(前宮)의 흔적뿐이다.

중국사회과학원 고고연구소(中國社會科學院考古硏究所)는 2002년에서 2007년까지의 고고연구 결과를 통해, 아방궁의 전궁(前宮)만 해도 표준축구장 90개에 해당하는 면적이라고 밝혔다. 또한 아방궁은 전궁(前宮)을 비롯하여 아방궁의 북궐(北闕)문인 자석문(磁石門), 진시황의 침궁(寢宮) 중 하나인 난지궁(蘭池宮), 천신(天神)에게 제사(祭祀)를 지내던 상천대(上天臺), 토지신(土地神)에게 제사 지내던 제지단(祭地壇), 동물을 키워 황제가 사냥을 즐기던 상림원(上林苑) 등이 있었을 것으로 추정하고 있다. 아방궁 소실에 대해서 지금까지 사람들은 항우가 태워 소실되었다고 믿고 있었다. 하지만《사기 · 항우본기(史記 · 項羽本紀)》의 항우가 태운 내용에는 "진의 궁궐을 태운 불길은 3개월 동안 꺼지지 않았다(燒秦宮室, 火三月不滅)"라고만 했고 아방궁이라는 말은 없었다. 또한 기록에 의하면 아방궁유적에는 타고 남은 대량의 재가 있어야 하는데, 2006년 고고학자들의 발굴과정에서는 몇 점의 탄 흔적이 있는 흙만 발견했을 뿐이었다. 따라서 고고학자들은 항우가 태운 것이 아방궁이 아닌 진(秦) 함양궁(鹹陽宮)일 것으로 추정하고 있다.

아방궁유적지 일대가 관광자원으로 부상하여 많은 관광객을 유치하게 된 것은 2000년부터였다. 아방궁을 재현한 아방궁관광단지(阿房宮景區) 조성사업이 1995년에 착공하여 2000년에 준공되어 정식으로 운영되었다. 하지만 수억 원을 들여 조성된 모든 건물이 13년이 지난 2013년 6월에 철거되었다. 이유는 아방궁관광단지가 고고유적(考古遺蹟)공원 내에 소재하고 있어 유적 보호 차원에서 철거해야만 한다는 것이었다. 철거 당시 계획은 철거된 규모보다 더욱 많은 투자를 하여 규모가 더욱 큰 아방궁국가고고유적공원을 2015년까지 조성한다는 계획이었다. 하지만 2017년까지 아방궁 발굴작업과 복원계획은 여전히 진행되고 있다. 앞으로 아방궁이 어떤 형태로 복원될지 기대된다.

제3절 대안탑(大雁塔)과 소안탑(小雁塔)

대안탑과 소안탑은 그 자체만으로도 당(唐) 왕조의 막강했던 국력을 상징한다. 당시 당나라는 막강한 국력을 보유하고 있었으며, 장안은 국제문화의 중심지였다. 사원의 정치 경제적 지위도 아주 높았다. 따라서 외국의 고승들을 불러들여 불법(佛法)을 전하도록 했으며, 아울러 중국의 승려들은 서역으로 가서 경전을 가져오는 데 기여했다. 불교의 흥성은 마치 당나라에 피어난 한 떨기 꽃과 같았고, 불탑(佛塔)은 번영하는 사회의 상징물이었다. 오늘날 우리는 대안탑과 소안탑의 깨끗하고도 간결한 모습, 그리고 소박한 탑신을 통해서 옛 장안성의 모습과 당나라 문화의 시대정신을 엿볼 수 있다.

대안탑은 서안시(西安市) 남쪽 4km 지점의 자은사(慈恩寺) 안에 자리하고 있다. 자은사는 당나라 고종 이치(李治)가 돌아가신 어머니 문덕(文德)황후를 기리기 위해 지은 사찰이다. 자은사 서쪽 뜰에 위치한 대안탑은 서기 625 년에 세워졌으며, 중국 현존 최초의 누각(樓閣)식 전탑(塼塔)이다. 또한 현장(玄奘)이 인도에서 가져온 불경을 보관하기 위해 세운 탑이다.

대안탑

정관 19년 현장은 인도에서 불경을 가지고 귀국한 후, 우선 홍복사(弘福寺)에서 번역작업을 시작했다. 그러다 자은사가 건립되자 번역한 불경을 자은사로 옮겨놓는 한편, 대안탑을 세워 인도에서 가져온 불경을 보관했다. '안탑(雁塔)'이라는 이름에 대해서는 여러 설이 있다. 당나라 사람들은 기러기를 좋아해서 모든 새를 기러기로 대체하는 관습 때문에, 자은사의 탑을 '안탑(雁塔)'이라 명명했다고도 하고, 탑을 세울 때 기러기가 상공을 날아가다 떨어져 탑 아래 묻혔기 때문에 그런 이름을 붙였다는 설도 있다. 또한 송(宋)대 장례(張禮)가 저술한 《유성남기(遊城南記)》의 "안탑이라 함은 《천축기(天竺記)》 달천국(達天國)에 가섭부처가람이 있었고, 돌산을 뚫어 5층탑을 지었는데, 아래층이 기러기 형태(雁形)를 하고 있어 안탑이라 했으며, 모두 같은 뜻이다.(其雲雁塔者 《天竺記》達嚫國有迦葉佛迦藍, 穿石山作塔五層, 最下一層作雁形, 謂之雁塔, 蓋此意也)"는 말에서 유래했다고도 한다.

당나라 고종(625) 때 처음 건축한 대안탑은 벽돌로 겉면을 쌓고, 흙으로 속을 메운 사각형의 5층탑이었다. 탑의 기초부분은 동서로 45.9m, 남북으로 48.8m, 높이는 42m였으며, 지면에서 꼭대기까지의 높이는 64.5m에 달했다. 탑의 아래 두 층은 아홉 칸, 3층과 4층은 일곱 칸, 가장 위층은 다섯 칸으로 되어 있었다. 그 후 무측천(武則天) 장안(長安) 연간(701~704)에 중수하여 7층으로 확장했으며, 대력(大曆)연간에 10층으로 개축했다.

대안탑 사방의 석문과 문설주에는 불상들이 정교하게 새겨져 있는데, 그중 서쪽 문설주 위의 아미타불 설법도가 가장 생생하게 조각되어 있다. 탑문의 안쪽에는 길이 1.67m, 너비 0.33m의 석각화(石刻畵)가 있고 그 위에는 사방불(四方佛), 보살(菩薩), 명왕(明王) 등의 초상이 있다. 석가화의 밀종호법신왕(密宗護法神王)의 모습은 위엄이 넘쳐 보인다. 탑의 남문 양옆에는 당나라의 유명한 서예가 저수량(褚遂良)의 〈대당삼장성교서(大唐三藏聖教序)〉가 새겨져 있고, 서쪽에는 태종 이세민(李世民)과 고종 이치(李治)가 쓴 〈대당삼장성교서(大唐三藏聖教序)〉와 〈대당삼장성교서기(大唐三藏聖教序記)〉가 위아래로 새겨진 비석이 세워져 있다. 그리고 그 옆에는 음악에 맞춰 춤을 추는 사람의 모습을 돋을새김기법으로 조각했다.

소안탑(小雁塔)은 서안(西安) 시 남쪽의 천복사(薦福寺) 안에 자리하고 있다. 천복사는 당나라 때 여행가이자 번역가인 승려 의정(義淨)이 불경을 번역하던 곳이다. 의정은 25년 동안 30여 개 국을 여행하면서 산스크리트어(梵語)로 된 불교경전 400여 부를 가져왔다. 그는 중국 불교사에서 4대 역경가(譯經家)[1]의 한 사람으로 꼽힌다.

소안탑은 당나라 중종(中宗) 경룡(景龍) 연간(707~710)에 건

소안탑

---

1) 중국 4대 역경가: 구마라습(鳩摩羅什), 진제(眞諦), 현장(玄奘), 의정(義淨).

축되었으며 총 15층으로 되어 있다. 아래층 각 변의 길이는 11.25m, 높이는 46m이다. 탑은 모두 벽돌로 쌓았고, 각 층은 정사각형을 이루면서 남북에 각각 두 개의 문을 두었는데, 위로 올라갈수록 그 둘레가 점차 줄어든다. 탑 아래 남북 입구의 궁형으로 된 청석(靑石) 문설주에는 꽃무늬와 천인공양도(天人供養圖)가 새겨져 있는데, 그야말로 정교하고 아름답다.

대안탑과 소안탑에는 당나라 조각예술의 아름다움이 그대로 함축되어 있다. 혹자는 "대안탑이 방패를 들고 1000년 고도를 지키는 무사와 같다면, 소안탑은 아름다운 자태를 자랑하는 당나라의 궁녀와도 같다." 하며 두 안탑(雁塔)을 묘사했다. 당 왕조의 궁전은 이미 흔적도 없이 사라졌지만, 대안탑과 소안탑은 여전히 그 자리에 우뚝 솟아 건축예술의 진수를 자랑하고 있다.

제4절 화청지(華淸池, 화칭츠)

화청지(華淸池)는 중국 섬서(陝西)성 서안(西安)시에서 북동쪽으로 약 30km 떨어진 여산(驪山)에 있는 온천지다. 이곳 유적 발굴결과에 따르면 사람들이 이곳 온천을 이용한 것은 약 6000년 전부터였다. 그러다가 약 3000년 전, 서주(西周)의 유왕(幽王)이 이곳에 궁을 지으면서 역대 왕실의 요양지로서의 역사가 시작되었다. 진나라(秦) 시황제(始皇帝), 한나라(漢) 무제(武帝) 등 여러 황제들도 이곳에 별궁을 두고 이용했다.

특히 화청지는 당(唐)나라 현종(玄宗)과 양귀비가 온천을 즐겼던 당나라 황실 원림으로 유명하다. 화청지라는 이름도 당(唐) 현종이 이곳에 궁을 만들어 화청궁이라는 이름을 붙인 것에서 유래됐다. 현종은 주로 이곳에서 양귀비와 함께 겨울을 지냈다. 당 현종과 양귀비의 비극적인 사랑을 노래한 백거이의 〈장한가(長恨歌)〉에도 화청지가 등장하는데, 백거이는 "봄날 쌀쌀한데 여산

화청궁에서 목욕하니 온천물은 매끄러이 고운 살갗 씻었네.(春寒賜浴華淸池, 溫泉水滑洗凝脂)"라고 노래했다. 지금은 두 사람이 사랑을 나눈 연화탕(蓮花湯)이나 양귀비 전용 욕실인 해당탕(海棠湯) 등이 발굴되어 일반인에게 공개되고 있다.

화청지

해당화의 모양을 닮았다 하여 이름이 붙여진 해당탕은 양귀비 전용 욕탕으로 귀비지(貴妃池), 부용탕(芙蓉湯)이라고도 한다. 이 밖에 태자탕(太子湯), 관리들의 욕실이라는 상식탕(尙食湯)도 있다. 후대에 만들어진 양귀비상이나 두 사람의 침실이었던 비상전(飛霞殿)도 볼 만하다. 이곳은 고대부터 수려한 풍경과 질 좋은 온천수로 유명했던 장소로 당현종과 양귀비의 사랑이야기에 관심이 없다 해도 충분히 들러볼 만하다. 지금도 온천이 샘솟고 있어 김으로 자욱하다. 또한 이곳 화청지가 자리한 여산에 관한 많은 전설들이 전해지고 있다.

● 양귀비(楊貴妃)

역대 미녀들 중에 아름다운 청춘시절부터 비참한 말로에 이르기까지 파란만장한 일대기로 가장 많은 관심을 끌었던 사람이다. 현종의 귀비였고 이름은 양옥환(楊玉環)이다. 양옥환은 원래 당 현종의 18번째 아들인 수왕(壽王)의 비였다. 그러나 궁정연회에서 그녀를 보고 한눈에 반해버린 현종은 그녀를 여도사로 출가시킨다. 그 후 중신들의 반대에도 불구하고, 궁 안의 도교사원인 남궁을 지어, 그녀를 그곳에 살게 하면서 태진(太眞)이라는 호를 내렸다. 이후 남궁을 태진궁으로 개칭하고 그곳을 관리하여 여관(女冠)으로 삼았다. 당시 양옥환의 나이는 22세, 현종은 57세였다. 그녀는 입궁 후 궁녀들에게 돌아갈 총애를 한 몸에 받으며, 745년 귀비에 책봉되었다. 그러나 756년 안녹산의 반란으로 38세의 나이로 사사(賜死)되어 죽게 된다. 그 후 현종은 안녹산의 난이 평정되어 궁으로 돌아온 후 사람을 보내 그녀의 시신을 찾으려 했으나 결국 찾지 못했다. 일설에는 양귀비의 미모를 너무 아까워했던 금군 장수 진현례(陳玄禮)가 환관 고력사(高力士)와 짜고, 그녀 대신 시녀를 죽이고 그녀를 남쪽으로 도피시켜 일본으로 보냈다고 한다. 일본에 도착한 양귀비는 나라(奈良)지방에서 거주하며 68세까지 살다가 죽었는데, 지금도 야마구치(山口)현에 양귀비 묘가 있다고 한다.

중국 서안에서 6km 정도 떨어진 곳인 섬서(陝西)성 함양(咸陽)시에 위치한 양귀비무덤은 실제로 그녀의 시신은 없고 의관을 묻은 양귀비 의관(衣冠) 총이다. 당시 그녀의 시신은 찾지 못했고, 그녀의 시신에 관해서는 오늘날까지 의문에 싸여 있다. 양귀비무덤의 모양은 반구형이고 높이는 3m이다. 주위의 흙은 귀비분(貴妃粉)으로 알려져 관광객들은 그 흙을 가져가기도 한다.

양귀비의 무덤

● 봉화희제후(烽火戱諸侯)

기원전 779년 주(周)나라의 유왕(幽王)은 '포사(褒姒)'라는 후궁을 몹시 사랑했지만, 포사는 잘 웃지 않았다. 유왕은 포사를 미소 짓게 하고 싶었다. 그러자 신하 중 괵석부(虢石父)라는 이가 국가 위급상황에 봉화를 올려 제후들을 소집하는 화청지(華淸池) 앞 여산(驪山) 봉수대에 거짓으로 봉화를 올리라고 유왕에게 청했다. 유왕은 그 말을 들어 여산에서 연회를 즐기며 봉화를 올리라고 명령했다. 봉화가 오르자 오랑캐들이 침공한 줄 알고 제후들이 모두 군대를 이끌고 달려왔다. 그러자 유왕은 제후들에게 봉화는 포사의 미소를 보기 위해 올렸으니 모두 돌아가라고 명했다. 제후와 병사들은 몹시 허탈해 했지만, 그 광경을 본 포사가 크게 웃었다. 그에 만족한 유왕은 묘책을 내놓은 괵석부에게 황금 1,000냥을 하사했다. 이후에도 유왕은 포사를 즐겁게 하려고 여러 차례 봉화를 올렸고, 그때마다 제후들은 헛걸음을 했다. 유왕이 어리석음을 보고 있던 견융국(犬戎國)은 기회를 보아 공격을 했다. 유왕은 다시 봉화를 올렸으나 제후들은 아무도 구하러 오지 않았다. 결국 유왕은 포사와 함께 여산으로 피했으나 견융에게 살해당했다. 오늘날에 전해지는 "일소천금(一笑千金)", "일소실천하(一笑失天下)", "봉화희제후(烽火戱諸侯)"의 이야기가 여기에서 유래된 것이다.

제 8 장 낙양(洛陽, 뤄양)

　중국 하남성(河南省, 허난성)에 위치한 낙양(洛陽, 뤄양)은 역사적으로 1500년 동안 하(夏), 상(商), 서주(西周), 동주(東周), 동한(東漢), 조위(曹魏), 서진(西晉), 북위(北魏), 수(隨), 당(唐), 무주(武周), 후량(後梁), 후당(後唐), 후진(後晉) 등 14개 왕조의 도읍지였다. 따라서 낙양에는 풍부한 인문경관이 있다. 중국 최초의 불교사원인 백마사(白馬寺)와 중국 미술사상 중요한 문화재로 꼽히는 용문석굴(龍門石窟, 룽먼석굴)뿐만 아니라 화려한 모란(牧丹)축제로도 유명하다.

제1절　백마사(白馬寺)

　백마사(白馬寺)는 하남(河南)성 낙양(洛陽, 뤄양)시 낙룡구(洛龍區, 뤄룽구)의 노성(老城) 동쪽 12km 지점인 백마사진(鎭)에 있다. 또한 동한(東漢) 영평(永平) 11년(68)에 창건된 사원으로, 불교가 중국에 전래되며 건립된 첫 번째 사원이다. 하여 중국 제1고찰(中國第一古刹)이라고도 한다. 전하는 바에 따르면 동한의 명제(明帝) 유장(劉莊)은, 꿈속에서 머리에 광채가 나는 금빛의 사람이 서쪽에서 날아와 궁궐 위를 몇 바퀴 선회하고, 다시 서쪽 하늘로 날아가는 모습을 보고, 신하들에게 이야기했다고 한다. 이에 박사 전의(傳毅, 촨이)

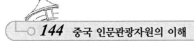

가 "제가 듣기로는 서양에 신이 있는데, 이름이 부처라고 합니다. 폐하께서 꿈 속에서 보신 분이 틀림없이 그분일 것입니다."라고 하자, 그 말을 들은 명제는 서역으로 사신을 보내 불법을 구했다고 한다.

영평(永平) 11년 인도의 승려 가섭마등(迦葉摩騰), 축법란(竺法蘭) 등이 명 제(明帝)의 사신 채음(蔡愔)의 간청으로 불상과 경전을 흰 말에 싣고 낙양으로 들어왔다. 불교를 받아들인 한명제(漢明帝)는 불교 경전을 소장하기 위해 어지(御旨)를 내려 사찰을 짓고, 경전 운반에 노고를 아끼지 않은 백마의 공을 기리기 위해 절의 이름을 백마사라 하였다.

백마사는 송(宋), 원(元), 명(明) 등의 시기에 여러 차례 중수했다. 사찰의 입 구 양쪽에는 송대에 제작된 두 마리의 백마상(白馬像)이 있다. 정문은 3개의 아치형 대문으로 이루어져 불교에서의 고난을 벗어나는 3겹의 문을 상징하며, 한(漢)대의 건축기교를 보여주고 있다. 문을 지나면 천왕전(天王殿), 대불전 (大佛殿), 대웅전(大雄殿), 접인전(接引殿), 비로각 5층전당(毗盧閣五層殿堂) 그 리고 석가사리탑(釋迦舍利塔)이라 불리는 제운탑(齊雲塔)이 있다. 대불전에는 무게 1.25톤의 큰 철종(鐵鍾)이 있으며, 대웅전에는 원(元)대에 조각된 십팔나 한상이 안치되어 있다. 제운탑(齊雲塔)은 하남성(河南省)의 유일한 비구니도 장(比丘尼道場)이다.

백마사는 시대가 거듭될수록 그 규모가 거듭 확장되었다. 현재 백마사의 총 면적은 4만m²에 달하며, 많은 건축물이 새로 건축되었다. 또한 국내외 각지에 서 보내온 불상들이 모셔져 있고, 8톤에 달하는 동금 청동불상이 있는 태국불 전을 비롯해 인도불전, 미얀마불전 등 여러 나라의 불전(佛殿)들이 세워져, 그 야말로 국제적인 불교 성지이다.

백마사는 1961년 제1차 전국중점문물보호단위(全國重點文物保護單位), 1983년 한족지구불교전국중점사원(漢族地區佛教全國重點寺院)으로 지정되었으며, 2001년 4A급 관광지로 지정되었다.

백마사

제2절 ┃ 용문석굴(龍門石窟, 룽먼석굴)

　용문석굴은 낙양(洛陽)시 남쪽으로 6km 떨어진 이궐(伊闕, 이췌)협곡에 자리 잡고 있다. 이곳은 협곡 양쪽으로 향산(香山)과 용문산(龍門山, 룽먼산)이 마주하고 있고, 두 산 사이로 흐르는 이하(伊河)강이 있어, 옛닐에는 이름을 이궐(伊闕)이라 불렀다. 수(隋)나라 탕제(湯帝)가 낙양으로 천도한 후 황궁의 정문이 이궐과 바로 마주하고 있었는데, 사람들은 이궐을 용으로 불리는 황제의 문이라는 의미에서 용문(龍門, 룽먼)이라 불렀다고 한다. 따라서 용문석굴은 또한 이궐(伊闕)석굴이라고도 한다.

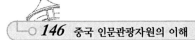

용문석굴은 중국 북위(北魏, 386~534) 때부터 시작하여 당(唐, 618~907)나라 시기까지 400여 년에 거쳐 완성되었고, 지금까지 1500년의 역사를 가지고 있다. 따라서 용문석굴은 북위와 당의 각기 다른 불교예술이 공존하는 곳이다. 현재 용문석굴에는 1,300여 개의 석굴, 2,345개의 동굴 감실, 3,600여 점의 시문과 비석조각, 70여 개의 불탑, 10만여 점의 불상이 있다. 10만 점이 넘는 불상 하나하나가 제각기 다른 표정에 뛰어난 솜씨와 멋을 자랑하고 있다. 그중 빈양동(賓陽洞)석굴, 봉선사(奉先寺)와 고양동(古陽洞)석굴, 만불동(萬佛洞)석굴이 가장 대표적이다.

빈양동석굴은 가장 오래된 석굴로 3개의 석실이 있다. 3석실에서는 북위시대와 당나라 때의 서로 다른 불상을 볼 수 있다. 가운데 석실에 있는, 북위 때 만들어진 불조(佛祖) 석가모니(釋迦牟尼)상은 얼굴이 갸름하고 목이 길고 가늘며 날씬한 반면, 양옆의 남북석실에 있는 당나라 때 만들어진 불상들은 아주 풍만한 모습을 하고 있다. 또한 자연스러운 석가모니(釋迦牟尼) 모습은 북위(北魏) 중기 석조예술의 뛰어난 작품으로 꼽힌다. 석가모니 불상 앞에는 2개의 돌사자가 앉아 있고, 좌우에는 2명의 온유한 모습을 한 제자가 서 있다. 동굴 안에는 많은 불상이 조각되어 있고, 제자들이 교리를 듣고 있는 모습이 살아 있는 것처럼 생동감이 넘친다. 빈양동석굴 가운데 석굴 조각상들은 중국 불교미술사에서 중요한 위치를 차지하고 있다.

빈양동석굴에서 멀지 않는 곳에 있는 만불동(萬佛洞)은 당나라 때의 석굴로, 불상이 많기로 유명하다. 동굴 석실 양쪽 벽면은 1만 5천여 개의 작은 불상들로 가득한데, 가장 작은 불상의 높이는 4cm밖에 안 된다. 용문석굴에서 가장 유명한 봉선사(奉先寺)에 있는 노사나불(盧舍那佛) 불상과는 사뭇 대조가 된다.

675년에 완성된 룽먼석굴 중에서 가장 큰 동굴로서 당나라(618~907) 석각의 예술품격을 대표한다. 봉선사의 주불(主佛)인 노사나불(盧舍那佛) 불상은 높이가 17.14m, 귀 길이가 1.9m이며 풍만하고 우아하여, 살아 있는 듯 생동감이 넘친다. 노사나대불은 말 그대로 깨끗하고 풍만하며, 광명이 빛나는 지혜의 화신을 상징한다. 당시 봉선사 공사는 당(唐) 고종과 측천무후가 공사에 친히 참여한 황실조각 공사였다. 일설에는 노사나불(盧舍那佛)이 수려한 용모에 인자한 웃음이 인상적인데, 막대한 건축자금을 대면서 남다른 애정을 보였던 측천무후(則天武後)를 모델로 했다고 한다.

고양동(古陽洞)석굴은 북위시기의 또 다른 석굴로서 많은 불단(佛壇)조각상이 있다. 특이한 점은 조각상마다 당시 조각한 사람의 이름과 날짜 및 이유를 적은 글들이 있다는 점이다. 이는 북위의 서법(書法)과 조각예술을 연구하는 소중한 자료가 되고 있다. 이처럼 용문석굴은 중국의 불교문화뿐만 아니라 건축 조각예술을 엿볼 수 있는 대형 석각예술박물관이라 할 수 있다. 용문석굴은 2000년 11월 유네스코 세계문화유산으로 등재되었다.

중국의 3대 석굴: 용문석굴(龍門石窟, 룽먼석굴), 운강석굴(雲岡石窟, 윈강석굴),
돈황석굴(敦煌石窟, 둔황석굴)

용문석굴

제 **9** 장 남경(南京, 난징)

남경은 일찍이 전국시대(戰國時代)에 초(楚)나라의 금릉읍(金陵邑)이었다. 삼국시대(三國時代)에 이르러(229년) 오(吳)나라의 손권(孫權)이 이곳을 건업(建業)이라 이름하여 도읍으로 정했다. 그때부터 이곳은 강남(江南)의 중심지로 발전했다. 그 후 318년에 동진(東晉)의 원제(元帝)가 도읍으로 정했고, 송(宋), 제(齊), 양(梁), 진(陳)의 국도(國都)가 되면서 남왕조(南王朝) 문화의 중심지로 번영했다. 589년 진(陳)이 수(隋)에 의해 멸망하면서 도읍지 건강(健康)도 파괴되었다. 당(唐)나라 때에는 금릉(金陵), 백하(白下), 금릉부(金陵府) 등으로 불리다가 오대십국(五代十國)의 이변(李昇)이 강녕부(江寧府)로 개칭(937)한 뒤 남당(南唐)의 도읍지가 되었었다. 그 후 남송(南宋)시기에는 건강부(建康府)로, 원(元)나라 시기에는 집경로(集慶路)로 불렸다. 1368~1421년에 명(明)나라 도읍지가 되어 응천부(應天府)로 불리다가 나중에 남경(南京)으로 불렸다. 현재의 남경이라는 명칭은 그때부터 비롯되었으며, 현존 주위 34km의 성벽도 그때 축조된 것이다. 1441년 명(明)의 도읍지가 북경(北京)으로 옮겨지고 그 후로는 배도(陪都)의 역할을 하였다. 청(淸)나라 때에는 강녕부(江寧府)로 불렸으며, 1853년부터 12년간 태평천국군(太平天國軍)이 점령하여 천경(天京)으로 불렸으나 전란으로 황폐해졌다. 1842년에는 아편전쟁 후의 남경조약(南京條約, 난징조약)을 이곳에서 체결했고, 1858년 천진조약(天津條約, 톈진조약)에 의해 개항장(開港場)이 되었다. 그 후 신해혁명(辛亥革命)을 통해 1912년 중화민국(中華民國) 임시정부가 이곳에서 수립되었고, 1927년 수도가 되었다. 1949년 중화인민공화국이 수립되면서 이곳은 강소(江蘇)성의 성도(省都)가 되었다.

'육조고도(六朝古都)'로 유명한 남경에는 많은 인문관광자원이 보존되어 있다. 그중 인문관광자원으로서의 가치를 지닌 명효릉(明孝陵)과 중산릉(中山陵), 그리고 아픈 역사를 뒤돌아보게 하는 중국 침략 일본군 남경대학살 희생자 동포기념관은 늘 많은 방문객들로 분빈다.

제1절 ┃ 명효릉(明孝陵)

명효릉(明孝陵)은 강소(江蘇)성 남경(南京, 난징)시 현무구(玄武區, 쉬안우구)의 자금산(紫金山, 쯔진산)에 있다. 동쪽에는 중산릉(中山陵)이 자리하고 있고, 남쪽에는 매화산(梅花山, 메이화산)이 자리하고 있다. 명효릉(明孝陵)은 명의 개국황제 주원장(朱元璋)과 황후(皇後) 마씨(馬氏)의 합장릉묘(合葬陵墓)이다. '효릉(孝陵)'이라는 이름은 황후의 시호가 '효자고황후(孝慈高皇後)'인 데서 유래되었다.

주원장은 자신이 살아 있을 때 이미 묏자리를 정하고, 능의 조성을 명했다. 명효릉 자리는 원래 영곡사(靈穀寺)의 옛터였는데, 주원장이 이곳을 능묘의 위치로 결정한 후 절을 강제로 다른 곳으로 옮기고 능묘를 만들었다. 효릉은 자금산(紫金山) 전체를 묘역으로 하는데 그 범위가 약 20~30km 정도로 규모가 크다. 명효릉은 홍무 14년(1381)에 착공했는데, 이듬해 마황후가 사망하자 공사 중인 황릉에 마황후를 우선 매장했다. 홍무 31년(1398) 주원장이 병으로 사망하여 이곳에 묻혔다. 능묘는 공사를 시작하고 '대명효릉신공성덕비(大明孝陵神功聖德碑)'를 완공하기까지 32년의 공사기간을 거쳐 영락제(永樂帝) 때인 1413년에 완공됐다. 능 조성을 위해 동원된 인부만 10만 명에 이르며, 순장된 관인이 10여 명, 병사와 시종이 46명에 달한다.

묘역의 건축은 크게 신도(神道)부분과 주체(主體)부분으로 나뉘어 있다. 신도부분은 하마방(下馬坊)부터 시작하여 효릉정문까지이고, 주체부분은 정문에서 보성(寶城), 명루(明樓), 숭구(崇丘)까지 이어진다. 능묘는 한나라부터 송나라까지의 능제에 바탕을 뒀지만, 신도석물은 완전히 새로운 체제로 조성됐다. 묘역 가장 앞쪽에는 하마방(下馬坊)이 있고 비(碑)에는 "모든 관원은 말에서 내려야 한다.(諸司官員下馬)"라고 새겨져 있다. 이는 개국황제에 대한 존경의 표시로, 직위를 막론하고 모든 관원들은 이곳부터 말에서 내려 반드시 걸어가야만 한다는 것이다. 하마방 북쪽은 능원의 대금문(大金門)이 있고 다시 북쪽으로 가면 사방성(四方城)이 있는데, 이 안에는 명나라 성조(成祖) 주체(朱棣)가 아버지 주원장을 위해 세운 '신덕성덕비(神功聖德碑)'가 있다.

사방성 북쪽으로 어하교(禦河橋)를 건너면 곧바로 신도(神道)이다. 신도 양편으로는 사자, 해치(獬豸), 낙타, 코끼리, 기린, 말 등의 석상과 석주들이 있는데 한 마리는 누워 있고 한 마리는 서 있는 석상이 각각 두 쌍씩 12쌍이 배열되어 있다. 석상들을 지나 신도에서 북쪽으로는 문신과 무신 석상이 각각 2쌍이 있다. 이 석주와 석상들은 삿된 것을 쫓아내는 주술적인 것과 의위(儀衛)적인 뜻을 가지고 있다. 신도의 끝에 도착하면 바로 영성문(欞星門)이 있다. 영성문 동쪽으로 돌아가면 바로 능원 주체(主體)부분이 된다.

주체부분은 금수교(金水橋), 문무방문(文武方門), 효릉문(孝陵門), 효릉전(孝陵殿), 내홍문(內紅門), 방성명루(方城明樓), 보성(寶城) 등 건축들로 구성되어 있다. 보성 안에 있는 거대한 봉토는 진한시대 이래로, 능침(陵寢)의 봉토에 대부분 사용되던 복두형(覆鬥形)의 전통을 깨고, 원구형(圓丘形)으로 되어 있는데, 이것을 '보정(寶頂)'이라 한다. 보정 아래가 바로 황제와 황후의 관을 모신 지하궁전이다.

명대는 총 14명의 황제가 통치를 했는데, 주원장을 제외한 13명의 황제는 북경에 있는 명십삼릉(明十三陵)에 묻혀 있다. 이는 명의 3대 황제 영락제가 주원장 사후 수도를 남경에서 북경(北京)으로 옮겼기 때문이다. 태조 이후 명나라 황제들은 모두 명효릉을 표본으로 모방해 황릉을 건설했다.

　명효릉(明孝陵)은 2003년 유네스코 세계문화유산 명청황가능침(明淸皇家陵寢)의 일부로 등재되었다. 또한 주변의 상우춘묘(常遇春墓), 구성묘(仇成墓), 오량묘(吳良墓), 오정묘(吳楨墓) 및 이문충묘(李文忠墓) 등 5명의 명공신묘(明功臣墓)가 세계유산에 함께 등재되었다.

명효릉(明孝陵)

제2절　중산릉(中山陵, 중산링)

　중산릉은 중국 민주혁명의 선두자인 손문(孫文, 쑨원)의 묘이다. 손문(孫文 1866~1925)은 중국 민주주의 혁명가이자 중국 혁명의 선구자이다. 그는 광동성 향산현(香山縣, 지금의 중산(中山)) 사람으로 호는 중산(中山)이다. 젊은

시절 손문은 하와이, 광주(廣州), 홍콩 등지에서 서양식 교육을 받았다. 1892년 홍콩의 서의서원(西醫書院)을 졸업한 후 마카오(澳門), 광주(廣州) 등에서 의사로 일했다. 1894년 청일전쟁이 발발하자 반청(反淸)혁명을 목표로 1894년 흥중회(興中會)를 설립했고, 1905년에는 중국혁명동맹회(中國革命同盟會)를 설립했다. 1911년 신해혁명(辛亥革命)에서 임시대통령에 추대되어 다음 해 중화민국의 성립과 동시에 대통령에 취임했다. 하지만 임시정부가 원세개(袁世凱, 위안스카이)와의 타협에 의해 대통령 직위를 원세개(袁世凱)에게 넘겨주었다. 손문은 1913년에서 1925년까지 10년 동안 민주주의를 주창하며, 독재에 반대하는 투쟁에 앞장섰다. 1919년에는 중화혁명당을 중국국민당으로 개편하고 광주에서 군정(軍政)을 조직했다. 그리고 그는 중화민국 비상대총통으로 취임한다. 1924년 1월 손문은 광주에서 국민당 제1차 전국대표대회를 열고 개편선언을 발표했다. 그리고 "러시아와 연합하고, 공산당과 연합하며, 농민과 공인(工人)을 돕는다"는 3대 정책을 채택함으로써 구(舊)삼민주의를 신(新)삼민주의로 발전시키며, 국민당과 공산당 및 각계 민중의 통일전선을 구축했다. 그해 11월에 불평등조약의 폐기와 국민회의의 개최를 호소하며, 제국주의 및 북양군벌(北洋軍閥)과 투쟁했다. 그러나 1925년 3월 36세에 병으로 사망하여 중산릉에 안치되었다.

손중산(孫中山)은 1925년 3월 12일 담낭암(膽囊癌)으로 북평(지금의 북경)에서 상망했다. 그는 사망하기 전에 "신해혁명을 잊지 않도록 임시정부의 소재지인 남경의 자금산(紫金山, 쯔진산) 기슭에 묻어달라.(吾死之後, 可葬於南京紫金山麓, 因南京爲臨時政府成立之地, 所以不可忘辛亥革命也)"라는 유언을 남겼다. 그의 유언에 따라 그의 시신은 베이핑(北平, 북평) 향산(香山, 샹산) 벽운사(碧雲寺)에 잠시 안치했다. 그리고 남경(南京, 난징) 종산(鍾山, 중산)에 능묘를 건립하게 되었다. 당시 중국의 국민당 정부는 손문을 절대적인 국부로 받들고 그의 무덤을 '묘(墓)'가 아닌 황제의 무덤인 '능(陵)'으로 명칭을 정했다.

중산릉(中山陵)은 강소(江蘇, 지앙쑤)성 성도(省會)인 남경(南京, 난징)시

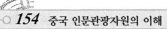

현무(玄武, 쉬앤우)구 자금산(紫金山, 쯔진산) 종산풍경구(鐘山風景區)에 자리하고 있다. 동쪽은 명효릉(明孝陵)이 인접해 있고, 서쪽은 영곡사(靈穀寺)가 있다.

중산릉은 1926년 1월에 착공하여 1929년에 완공되었다. 손문의 봉안대전(奉安大典)은 1929년 6월 1일에 진행되었다. 그 후 공사는 계속 진행되어 1931년에 이르러서야 비로소 전체 공사가 완공되었다. 주요 건축물로는 박애방(博愛坊, 버아이방), 묘도(墓道), 능문(陵門), 돌계단(石階), 비정(碑亭), 제당(祭堂), 묘실(墓室) 등이 있다.

삼도(三道)로 되어 있는 묘도(墓道)는 박애방(博愛坊)에서 능문(陵門)까지 길이가 440m이고 , 넓이가 36m이다. 묘도 입구에서 묘당까지는 700m의 거리로, 오르는 계단이 392개가 있으며, 계단마다 소주(蘇州)에서 생산되는 귀한 대리석이 깔려 있다. 계단을 다 오르면 제당(祭堂) 뒤로 묘실(墓室)이 있으며, 묘실에는 손문의 와상과 함께, 지하에는 미국에서 제작한 자색동관(紫銅棺)이 안치되어 있다.

중산릉(中山陵)이 있는 이곳은 북온대 및 아열대 기후가 교차하는 지역으로 다양한 식물과 삼림으로 무성하다. 능묘라는 것을 잊을 만큼 경관이 아름다워 강소성에서 가장 큰 삼림공원으로 손꼽는다. 인근에는 또한 손권묘(孫權墓), 명효릉(明孝陵), 영곡사(靈穀寺) 등의 명승고적이 있다.

능원(陵園)의 총면적은 8만여m²로, 중국의 전통적인 건축풍을 가미하여 건축되었다. 또한 중국정부로부터 특수한 교육가치를 인정받아 현재 중국 5A급 관광명승지로 지정되었으며, 2016년에는 '최초 중국 20세기 건축유산(首批中國20世紀建築遺産)'으로 선정되었다. 능원 경내에는 한 사람의 무덤이란 것을 잊게 할 만큼 자연조건과 경관이 뛰어나다. 또한 주변의 볼거리와 600여 종의 자연식물들이 어우러져 자연미와 인공미가 조화된 여행지로 각광받고 있다.

중산릉(中山陵)

제3절 중국 침략 일본군 남경대학살 희생자 동포기념관
(中國侵華日軍南京大屠殺遇難同胞紀念館)

　　중국 침략 일본군 남경대학살 희생자 동포기념관(中國侵華日軍南京大屠殺
遇難同胞紀念館)은 남경(南京, 난징)시 건업(建鄴, 지앤예)구 강동문(江東門,
장둥먼)에 자리 잡고 있으며 강동문(江東門)기념관이라고도 한다. 남경대학살
당시 단체로 학살되어 매장된 강동문 단체학살유적지이자 매장지인 강동문을
택해 기념관을 세운 것이다. 이곳은 중국 최초 국가 1급박물관(中國首批國家
一級博物館)이자 중국 애국주의교육시범기관으로 지정되었다.

　　남경대학살은 일본이 중국을 침략해 자행한 사건이다. 1938년 10월 일본은
중국의 10개 성과 북경(北京), 한구(漢口, 한커우), 광주(廣州, 광저우)를 포함
한 대도시와 공업도시 대부분을 점령했다. 일본군 증원부대가 항주만(杭州灣)

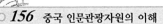

에 상륙하면서 상해 배후를 공격하자, 12월 남경도 함락되고 만다. 남경을 점령한 일본군은 대규모 학살을 자행했는데, 그것이 바로 남경대학살이다. 극동 군사 재판의 기록에 따르면 당시 남녀노소 가릴 것 없이 30여 만 명이 학살되었고, 9세부터 76세에 이르는 여성들에 대한 윤간과 강간이 저질러졌으며, 유아들 역시 교살(絞殺)대상에서 벗어날 수 없었다고 한다.

중국 침략 일본군 남경대학살 희생자 동포기념관은 남경대학살을 고발하는 기념관이다. 남경대학살은 1937년 12월 일본군에 의해 자행된 전쟁범죄로, 731부대의 생체실험과 더불어 제2차 세계대전 중 일본이 벌인 가장 끔찍한 만행으로 꼽힌다. 중국 통계자료에 의하면 40일 사이에 30만 명의 중국인이 살해되었다. 추모관에는 희생된 사람들을 모두 기록한 서가가 있고, 강가에 아무렇게나 버려진 시신들과 당시 상황을 나타내는 그림과 사진, 여성에게 온갖 희롱을 한 후 살해하고, 성인 남자를 그 자리에서 불태워 죽이는 등 잔인한 만행에 관한 자료들을 전시하고 있다. 기념관은 당시 학살된 양민의 유골이 발견된 '만인갱(萬人坑)'에 세워져 움푹 파인 모습을 하고 있다. 기념관 내부에는 3,500여 점의 사진과 3,300여 점의 문물, 현장 복원 모형도, 희생자명단, 유골 등이 전시되고 있다.

2007년 12월 13일 중국 침략 일본군 남경대학살 희생자 동포기념관(中國侵華日軍南京大屠殺遇難同胞紀念館)은 남경대학살 70주년에 맞춰 18개월간의 보수와 정비 작업을 마치고 기념관을 확장 개관했다. 그 후 2015년까지 기념관 면적은 12만㎡로 확장되었으며, 건축면적은 11만 5천㎡, 소장자료는 20여 만 점에 달한다. 2016년 9월 남경대학살 희생 동포기념관(南京大屠殺遇難同胞紀念館)은 '중국 최초 20세기 건축유산(首批中國20世紀建築遺産)'으로 지정되었다.

남경대학살 희생 동포기념관 만인갱(萬人坑)

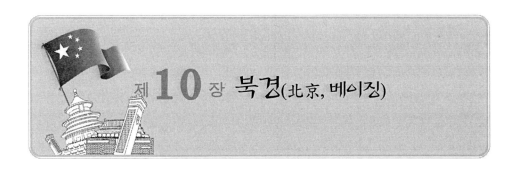

제 **10** 장 **북경**(北京, 베이징)

북경은 중화인민공화국의 수도이다. 기록에 의하면 북경(北京)의 옛터는 기원전 1045년의 계성(薊城)이었다. 북경성은 역사적으로 연(燕), 요(遼), 금(金), 원(元), 명(明), 청(淸) 왕조의 도읍지였다. 연(燕)이 기원전 9세기에 이곳에 자리를 잡게 되면서 북경을 연경(燕京, 앤징)이라 부르게 되었다. 그 후 요(遼)나라 때는 남경(南京), 금나라 때는 중도(中都, 중두)라 불렀다. 그리고 원나라는 금나라 때의 중도성 옛터를 버리고, 동북쪽 교외에 성을 지은 뒤 대도(大都)라고 불렀다.

명·청대의 북경성은 원나라의 도읍인 대도(大都)를 토대로 발전했다. 명(明)나라 홍무(洪武) 원년(1368), 태조(太祖) 주원장(朱元璋)은 원(元)나라를 정복하고, 남경(南京)을 수도로 정했다. 그는 북방평정의 공적을 기록하기 위해 원나라 대도(大都)의 이름을 북평(北平)으로 바꿨다. 명(明)나라 영락(永樂) 원년(1403), 성조(成祖)는 북평(北平)을 북경(北京, 베이징)으로 개칭했고, 그때부터 북경이라는 이름을 사용하게 되었다. 그 후 명나라는 1420년에 도읍을 북경으로 옮겼다. 가정(嘉靖) 33년(1554), 천단(天壇)과 산천단(山川壇)을 둘러싸고 농·서·남쪽 세 방향에 성벽을 쌓았는데, 초기의 북경성은 내성과 외성으로 나뉘었다. 청대에도 기본적으로 명대의 성을 그대로 사용했다. 중화민국시기인 1928년 북경을 시(市)로 정하고 이름을 다시 '북평(北平)'으로 불렀다. 1949년 중화인민공화국의 수립과 함께 명칭을 다시 '북경(北京)'으로 고치고 수도로 정했다. 북경은 하북(河北, 허베이)성 중앙부에 위치한 중국의 수도

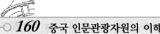

로, 정식명칭은 북경직할시(北京直轄市)이며, 약칭하여 '경(京, 징)'이라고도 부른다. 북경에는 명(明)·청(淸)대 자금성 고궁박물관(故宮博物館)을 비롯해 천단(天壇), 이화원(頤和園), 원명원(圓明園), 명청황가능침(明淸皇家陵寢), 팔달령장성(八達嶺長城) 등 많은 인문관광자원이 보유되어 있다.

제1절 북경고궁(北京故宮, 베이징고궁)

북경고궁(北京故宮)은 중국 수도 북경 중심지에 있다. 자금성(紫禁城)으로도 불리는 북경고궁은 명(明)·청(淸)시대의 궁전으로 1925년 10월 10일 중국 최대의 '고궁박물관(故宮博物館)'으로 거듭나 세계 각국의 많은 관광객들을 맞이하고 있다.

자금성(紫禁城)은 명(明)·청(淸)대 24명의 황제의 궁궐이었으며, 동서로 넓이가 753m, 남북으로 길이가 961m, 면적이 723,600m²에 달한다. 중국은 물론 세계적으로도 현존하는 건축물들 중 규모가 가장 크고 보존이 가장 온전한 고대 목조건축물로서, 명(明) 영락(永樂) 18년(1420)에 건립된 이래 지금까지 590여 년의 역사를 자랑하고 있다.

자금성의 앞은 송나라의 양식을 모방한 천보랑(千步廊)을 설치했고, 천보랑의 동쪽(왼쪽)은 태묘(太廟), 서쪽(오른쪽)은 사직단(社稷壇)으로 역시 주례(周禮)의 '좌조우사(左祖右社)' 배치방식을 계승했다. 자금성은 70여 개의 전각과 9,000여 개의 방이 있다. 전각들은 일직선으로 뻗은 남북 중심축을 따라 배치되어 있으며, 중심축의 동서에 위치한 건축물은 서로 대칭으로 자리 잡고 있다. 건축물들은 크게 외조(外朝)와 내정(內廷)의 두 부분으로 나뉜다. 각 부분의 기능에 부합되도록 외조의 건축물 이미지는 황제의 지고무상(至高無上)함을 상징하도록 엄숙함과 웅장함 그리고 아름다움을 강조했다. 내정은 생활의 분위기가 잘 드러나도록 정원을 많이 만들어 서재, 정자, 꽃과 나무, 가산(假山)과 돌 등으로 아름답게 꾸몄다.

외조(外朝)는 삼대전인 태화전(太和殿), 중화전(中和殿), 보화전(保和殿)이 중심이 되고 있다. 삼대전(三大殿)에 들어가려면 천안문에서 안쪽으로 곧게 뻗어 있는 큰 길을 따라 남문을 통과하여 자금성의 정문인 오문(吾門)으로 들어가야 한다. 오문에 들어서면 넓은 뜰이 펼쳐지며, 옥대 모양으로 굽은 내금수하(內金水河)가 서쪽에서 동쪽으로 흐르고 있다. 강 위에는 아름다운 한백옥(漢白玉)으로 만든 다리 5개가 있다. 다리 북쪽의 태화문(太和門)을 지나면 자금성의 중심인 '삼전(三殿)', 즉 태화전(太和殿), 중화전(中和殿), 보화전(保和殿)에 이르게 된다.

주전(主殿)인 태화전(太和殿)은 높이 35.05m에 달하는 대전으로, 중국에서 가장 높은 권위를 자랑하며, 금란보전(金鑾宝殿)이라고도 부른다. 태화전은 황제의 등극, 책봉, 원단(元旦), 동지조회(冬至朝會), 황족의 생일, 조칙(詔勅) 선포 등 가장 성대한 황가의식에 사용되었다. 따라서 대전 앞에는 넓은 월대(月臺)뿐만 아니라 면적이 30,000여m²에 달하는 광장까지 두어, 수만 명의 사람을 수용하고, 각종 의장(儀仗)도 배치했었다. 태화전 뒤쪽에 위치한 중화전(中和殿)은 명(明) 영락(永樂) 18년(1420)에 건축된 것으로 3번의 화재가 있었으며, 지금의 중화전은 1627년에 중건된 것이다. 중화전 최초의 이름은 화개전(華蓋殿)이었으나 후에 중화전으로 부르게 되었다. 이곳은 주로 황제가 중대한 행사에 참석하기 전에 휴식을 취하는 곳이었다. 가장 북쪽에 위치한 보화전은 매년 섣달 그믐날 밤 황제가 귀족들에게 연회를 베풀던 장소이며, 전시(殿試)도 이곳에서 이루이졌다.

보화전 북쪽으로 화려한 건청문(乾淸門)을 지나면 바로 '내정(內廷)'의 범위에 들어간다. 내정은 황제와 황후, 비빈들이 생활하던 곳으로 건청궁(乾淸宮), 교태전(交泰殿), 곤녕궁(坤寧宮)과 동서육궁(東西六宮)이 있다.

건청궁은 황제의 침궁(寢宮)으로 하늘을 상징하며 양(陽)을 뜻한다. 곤녕궁

(坤寧宮)은 황후의 침궁(寢宮)으로 땅을 상징하고, 음(陰)을 뜻한다. 명나라 가정연간 '천지교태, 음양화해(天地交泰, 陰陽和諧)'사상에 입각해, 두 궁의 가운데 교태전을 만들었다. 동서육궁은 궁전의 크기가 비교적 작아 생활의 분위기를 물씬 풍긴다. 동서육궁은 내정 삼궁의 동서 양쪽에 각각 동육궁(東六宮)과 서육궁(西六宮)으로 배치되어 있으며 비빈들의 생활공간이다. 이들 12궁전은 하늘과 땅을 상징하는 건청궁과 곤녕궁을 호위함을 뜻한다.

건청궁 서쪽에 있는 양심전(養心殿)은 명대에 지어진 건물이다. 양심전이라는 명칭은 맹자의 "마음을 닦는 데는 욕심을 적게 하는 것보다 나은 것이 없다.(養心莫善與寡欲)"라는 말에서 유래되었다. 청대에 이르러 8명의 황제가 이곳에서 생활했다. 이곳은 황제들이 일상 정무를 처리하는 주요 장소가 되었고, 황제는 종종 이곳에서 대신을 접견하고 어명을 내렸다. 양심전 동난각(東暖閣)에는 두 개의 옥좌가 나란히 놓여 있는데, 그 사이에는 황색발이 쳐져 있다. 이곳이 바로 서태후 자회(西太後慈禧)가 수렴청정을 하던 곳이다. 양심전 북쪽으로는 궁들이 계속 이어지며 운치 있고 그윽한 분위기를 자아낸다.

자금성

자금성 내에 위치한 북경고궁박물원(北京故宮博物院)에는 회화, 서예, 조소, 명각, 청동기, 도자기, 직물과 자수품, 보석, 시계, 금과 은으로 만든 식기 등 900,000여 점의 유물이 소장되어 있다. 고궁에는 또한 9,000,000여 점의 명·청대의 문서자료들이 보관되어 있다. 이 문서들은 15세기 초부터 20세기 초까지 500여 년에 이르는 중국 역사의 중요한 원시 사료이다. 고궁박물원에 소장된 유물은 대부분 고궁 내의 전시관에서 볼 수 있다.

북경고궁박물원(北京故宮博物院)은 1987년 유네스코 세계문화유산으로 등재되었다.

제2절 이화원(頤和園, 이허위안)

이화원(頤和園)은 중국 북경(北京)의 해전(海澱, 하이뎬)구에 있다. 청나라 황가 원림의 또 다른 대표작으로, 현존 중국 고대원림 중에서 가장 완벽하게 보존된 원림이다. 전체 면적은 약 2,900,000m²이고 산과 물이 어우러진 원림으로, 중국의 마지막 황가원림이다.

이화원의 전신은 청이원(淸漪園, 칭이위안)으로, 건륭 15년(1750)에 만들어졌다. 청이원은 원명원(圓明園)과 함께 1860년 영불(英佛)연합군에 의해 파괴되었으나, 당시 실질적인 집권자였던 서태후(西太後)가 해군의 군비를 전용(轉用)해 중수한 후, 이화원으로 이름을 바꾸었다. 그 후 서태후가 장기간 거주하면서 성지활농을 전개하던 이궁 어원(禦苑)이 되었다.

원림에서 물은 가장 중요한 요소인데 이화원은 서산(西山)의 모든 샘물이 모이는 수역인 곤명호(昆明湖, 쿤밍후)를 중심으로 만들어졌다. 곤명호에 있는 남호도(南湖島), 조감당(藻鑑堂), 치경각(治鏡閣)의 세 섬은 바로 황가 원림의 전통인 '일지삼산(一池三山)'을 따른 것이다. 또한 원림 안에 사(寺), 관(觀),

사묘(祠廟)를 둔 것은 황가 원림의 큰 특징을 보여주고 있다. 건륭황제가 청의
원을 만든 이유는, 바로 황태후의 장수를 기원하기 위함이었다. 하여 원림에
서 가장 중요한 건축군은 만수산(萬壽山) 앞산의 중앙에 있는 대보은연수사
(大報恩延壽寺)이다. 이 건축군은 천왕전(天王殿), 대웅보전(大雄寶殿), 다보
전(多寶殿), 불향각(佛香閣), 중향계패루(衆香界牌樓), 지혜해전(智慧海殿) 등
으로 구성되어 있다. 만수산(萬壽山, 완서우산)은 곤명호(昆明湖)를 조성할 때
파낸 흙을 쌓아 만든 인공산이다. 건축물들은 모두 산의 남쪽 기슭을 따라 배
치되어 있다. 돌을 쌓아 만든 높은 기반 위에 자리한 불향각은 눈부시게 화려
하다. 산 정상에 있는 불당 지혜해전(智慧海殿)은 드넓은 곤명호를 비롯한 이
화원 안 전체를 조망할 수 있는 곳이다.

이화원

만수산의 뒷산에는 건륭황제가 라마교를 신봉하는 몽골과 티베트 백성들을
단결시키기 위해, 티베트의 유명한 사원인 상야사(桑耶寺, 쌍예스)를 모방해

세운 커다란 라마교 사원인 수미영경(須彌靈境, 쉬니링찡)이 자리하고 있다. 그 외에도 호수 위에 있는 3개의 섬 중에서 가장 중요한 남호도에는 용왕묘 (龍王廟)가 있는데 이를 '광윤사(廣潤寺, 광룬스)'라 한다.

이화원에서 빼놓을 수 없는 아름다운 곳은 바로 만수산 아래 호숫가에 있는 장랑(長廊, 창랑)이다. 장랑(長廊)은 길이가 778m에 달하며 273칸으로 이루어져 있다. 또한 8,000여 폭의 그림들이 천장과 벽에 그려져 있어 '중국 최대의 야외미술관'으로 불린다. 중국 원림 건축 중에서 가장 긴 이 장랑은 곤명호 북쪽을 따라 서쪽으로 길게 뻗어 있어, 먼 산과 가까운 물, 그리고 원림 안의 각종 건축물을 하나로 묶어주는 역할을 한다. 이외에도 중국의 안녕을 기원하며 만들었다는 곤명호에 떠 있는 듯한 석주(石舟, 돌로 만든 배), 여러 개의 돌다리, 아름답게 조각된 수많은 석상들을 볼 수 있다.

이화원(頤和園)은 청의 멸망 후 청 황실의 사유재산으로 남았으나, 중화민국 3년인 1914년 일반인에게 개방되었고, 중화민국 13년인 1924년 부의(溥儀)가 출궁하자, 북평(北平, 베이핑)특별시 정부에 의해 공원이 되었다. 1961년 고건축 및 역사기념물로 전국중점문물보호단위로 지정되었고, 1998년 UNESCO 세계문화유산으로 등재되었다.

제3절 ‖ 원명원(圓明園, 위엔밍위앤)

원명원은 북경 서쪽 교외의 이화원 동쪽에 자리 잡고 있는 황가원림(皇家園林)이다. 강희(康熙), 옹정(擁正), 건륭(乾隆), 가경(嘉慶), 도광(道光), 함풍(鹹豊) 황제 등이 재위한 200년에 걸쳐 만들어진 원림이다. 중국 역대 왕조에서도 그 전례를 찾아보기 어려운 원명삼원(圓明三園, 위엔밍산위앤)은 원명원과 장춘원(長春園, 창춘위앤) 그리고 기춘원(綺春園, 치춘위앤)으로 구성되어 있다.

원명원(圓明園)은 1709년 강희제(康熙帝)가 네 번째 아들 윤진(胤禛)에게 하사한 별장이었으나, 윤진이 옹정제(雍正帝)로 즉위하자, 1725년 황궁의 정원으로 조성되었다. 그 후 건륭제(乾隆帝)가 바로크식 건축양식을 더해 해기취(諧奇趣, 제치취), 축수루(蓄水樓, 쉬수이러우), 양작롱(養雀籠, 양춰롱), 방외관(方外觀, 방와이관), 해안당(海晏堂, 하이옌탕), 원영관(遠瀛觀, 위앤잉관) 등을 조성했는데 통틀어 '서양루(西洋樓)'라고 했다. 이들은 원명원 안에서 독특한 볼거리를 제공했다. 서양루의 건축은 유럽 건축문화가 처음으로 중국에 전해진 완벽한 작품이며, 유럽과 중국의 양대 원림체계가 처음으로 결합된 창조적인 시도였다. 또한 장춘원과 기춘원을 새로 지어 원명삼원(圓明三園)을 이루었다.

원명삼원(圓明三園)은 모두 물의 원림으로, 조경의 대부분은 물을 주제로 하며, 물에서 아름다움을 찾았다. 또한 대부분은 커다란 원림 안에 다시 작은 정원을 두는 '원중원(園中園)' 방식을 채택해 상대적으로 독립된 하나하나의 작은 원림을 이루고 있었다.

원명원

원명원은 중국의 우수한 조경전통을 계승한 것으로, 궁전건축의 귀족적인 온화함에, 물의 고장 강남 원림의 완곡함을 더해 다채로움과 아름다움을 모두 갖췄다. 동시에 유럽의 원림건축 형식을 받아들여 각기 다른 기풍의 원림건축을 하나로 융합시켰다. 원명원은 원림으로 유명할 뿐만 아니라 상당히 풍부한 유물을 수장하고 있는 황가의 박물관으로도 유명했다. 그러나 1860년 제2차 아편전쟁 당시 프랑스와 영국연합군에게 약탈당했으며, 불태워졌다. 또한 문화대혁명 등의 전란을 겪으면서, 오랜 기간 폐허로 남았다. 그 후 1984년에 이르러서야 복구작업이 시작되었으며, 1988년에는 중국 전국중점문물보호단위로 지정되었다. 하지만 아픈 역사를 잊지 말자는 의미로 폐허를 유지하자는 의견에 따라, 오랜 기간 복원이 미루어지다가 2008년과 2015년의 대규모 복원사업으로 원명원은 조금씩 예전의 모습을 되찾고 있다.

제4절 │ 천단(天壇, 티앤탄)

북경 동남쪽에 위치한 천단은 명·청대 제왕들이 제사를 지냈던 제단이다. 중국의 고대 통치자들은 하늘을 만물의 주재자로 여기고, 황제를 하늘의 아들이라 하여, 스스로 '천자(天子)'라고 칭했다. 황제가 나라를 다스리는 것은 하늘로부터 부여받은 권리이며, 가장 성대한 제사는 하늘에 대한 제사였다. 황제는 매년 동지(冬至)에 하늘에 제를 올렸고, 제위에 등극할 때도 반드시 하늘에 제를 올려 그 사실을 고함으로써 천명(天命)을 받았다는 것을 천하에 알렸다. 이러한 뜻에서 천단은 바로 왕권과 신권이 결합한 산물이다.

명·청대의 황제들은 모두 하늘에 제를 지내는 행사를 중요시했으며, 매년 두 차례에 걸쳐 천단에서 제사를 지냈다. 정월 15일에는 기년전(祈年殿)에서 풍년을 기원하는 의식을 거행하고, 동짓날에는 원구단(圜丘壇)에서 하늘에 제사를 지내 천제(天帝)의 보호에 감사했다. 그 밖에 가뭄이 들면 원구단에서 하늘에 제사를 지내며 비를 기원했다.

천단은 명나라 태조 홍무제(洪武帝)가 남경(南京)에 대사전(大祀殿)을 짓고 천지(天地)에 함께 제사를 지냈던 데서 비롯되었다. 영락제(永樂帝)가 남경에서 북경으로 천도한 후 천단을 북경 남교로 옮기고, 가정제(嘉靖帝) 때 원구와 대향전(大享殿)을 축조하여, 하늘에 제를 지내는 제천(祭天)의 장소로 사용했다.

명나라 영락제(永樂帝) 재위 18년인 1420년에는 정원을 둘러싼 담과 함께 천지단(天地壇)이 지어졌고, 천지단의 남서쪽에는 제궁(齊宮)이 있었다. 가정제(嘉靖帝) 재위 9년인 1530년에는 하늘에 제사를 올리는 원구단(圓丘壇)이 지어졌고, 하늘과 땅에 제사를 지낸다는 뜻의 '천지단(天地壇)'이라는 명칭이 하늘에 제사를 지내는 '천단(天壇)'으로 바뀌었다. 또한 북경의 북쪽에는 땅에 제사를 지내는 지단(地壇)을, 동쪽에는 태양에 제사를 지내는 '일단(日壇)'을, 서쪽에는 달에게 제사를 지내는 '월단(月壇)'을 지었다. 그 후 청나라 건륭제(乾隆帝) 재위 14년인 1749년에는 원구(圓丘)를 확장하고, 대향전(大享殿)을 중수하여, '기년전(祈年殿)'으로 이름을 바꿨다.

천단의 전체적인 구조를 보면 평면적으로 '회(回)'자의 형태를 띠면서 내단(內壇)과 외단(外壇)으로 나눠진다. 내단과 외단은 각기 천단의 벽에 둘러싸여 있다. 외벽의 길이는 6,416m에 달하고 면적은 273만m²에 이르러 자금성보다 두 배나 크다. 내단과 외단의 북쪽 끝을 둘러싼 담은 높고 큰 반원형이며, 남쪽 끝에 있는 담은 비교적 낮은 방(方)형을 이루고 있다.

내단은 남쪽에는 환구단(圜丘壇)과 황궁우(皇穹宇), 북쪽에는 기년전(祈年殿)과 황건전(皇乾殿)이 배치되어 있으며, 사이에 담으로 분리되어 있다. 담장 바깥의 남측 모서리는 직각으로 되어 있고 북측 모서리는 원호(圓弧)형태로 천원지방(天圓地方)을 상징한다. 외단은 원래 서쪽 담에 기곡단문(祈穀壇門)과 환구단문(圜丘壇門)만 있었으나, 1949년 이후 동문과 북문을 만들어, 기곡단(祈穀壇)의 동서북쪽의 3개 천문(天門)과 환구단(圜丘壇)의 남쪽에 태원(泰元),

소형(昭亨) 및 광리문(廣利門) 등으로 총 6개의 문이 있으며, 내단 남면의 소형문(昭亨門)을 남문으로 개방했다.

또한 지단(地壇)이 자금성의 동북쪽에 있는 데 반해, 천단은 자금성 동남쪽에 있어, 고대 천남지북(天南地北)의 사상을 보여주고 있다. 또한 지단은 사각형이고 천단은 원형으로, 하늘은 둥글고 땅은 네모나다는 중국인들의 천원지방(天園地方) 신앙을 상징한다. 천단의 이러한 형식은 천인합일(天人合一)사상과 함께 군주의 권력은 하늘이 부여한 것이라는 의식이 반영되어 있다. 겹겹이 중첩된 원형 건축은 순환의 관념을 보여주며, 조화와 쉼 없는 생명을 상징한다.

천단은 신해혁명 이후 1915년에 공원으로 개방되었지만, 장기간 관리를 소홀히 한 탓에 심각하게 파괴되었다. 1949년부터 대대적인 수리를 거치고 녹화 사업을 펼친 결과, 고색창연(古色蒼然)하고 아름다운 대규모 공원으로 거듭났다. 1961년에 중국 중점문물보호단위(中國重點文物保護單位)로 지정되었으며, 1998년 북경황가제단—천단(北京皇家祭壇—天壇)으로 유네스코 세계문화유산으로 등재되었다.

천단

제5절 | 팔달령장성(八達嶺長城, **빠다링창청**)

팔달령장성(八達嶺長城)은 북경(北京)의 중심지에서 서북쪽 70km 지점에 있다. 팔달령장성은 사방팔방으로 길이 통한다는 뜻의 '사통팔달(四通八達)'과 사면팔방(四面八方)이 다 보이는 산마루라는 뜻을 가진, 만리장성의 중요한 부분이다.

세계 8대 기적 중 하나이자 세계에서 제일 긴 성인 만리장성은, 중국 역사상 가장 위대한 건축공정의 하나였고, 중국 고대 최대의 국방 공정이었다. 역사적으로 만리장성 축조의 최초 목적은, 북방 유목민들의 남하를 막기 위한 것이었다. 일찍이 전국(戰國)시대 '전국칠웅(戰國七雄)'에 속했던 진(秦), 조(趙), 연(燕) 세 나라의 북쪽에는 유목을 위주로 하는 흉노족(匈奴族)이 있었는데, 이 흉노족 기병(騎兵)의 남침을 막기 위해, 세 나라는 각자의 북쪽 변방에 성을 쌓기 시작했다. 기원전 221년 진시황(秦始皇)이 6국을 멸망시키고 중국을 통일한 후, 흉노족의 침략을 막기 위해 30만 대군과 일반 백성, 그리고 전쟁 포로와 죄수 등 모두 200만 명을 동원해, 진·조·연 세 나라가 쌓았던 성을 연결하기 시작했다. 이것이 바로 만리장성의 시초였다. 진나라 이후에는 한(漢), 북제(北齊, 550~577), 수(隋, 581~618), 금(金, 1115~1234) 등의 왕조가 계속해서 만리장성을 수리·증축했다. 그리고 명나라 때에 이르러서는 북방 몽골족과 동북 여진족(女眞族)의 침입을 방어하기 위해, 다시 대규모 만리장성 수축(修築)공정을 시작했다. 이 공정은 홍무(洪武) 원년(1368)에 시작되어, 200여 년이 넘는 세월을 거쳐 비로소 완성되었다.

명나라 조정은 만리장성의 방어와 지휘능력을 강화하고, 만리장성을 따라 주둔한 병력의 이동을 쉽게 하고자, 만리장성의 연선(沿線)을 구역별로 나누었다. 그는 장성을 9개의 방어구역으로 나누고 한 구역을 1진(鎭)으로 정했으며, 진에는 총병(總兵)을 두어 직접 관할하도록 했다. 9개 진에는 모두 100개가 넘는 관애(關隘, 주요 병력 주둔거점)라는 관문이 있고, 각 관애에는 일반적으로 성벽, 성문, 문루, 옹성으로 구성되었으며, 일부 관애에는 외성과 해자(垓子)까지도 설치했다.

성벽은 만리장성의 가장 중요한 부분이다. 산서(山西, 산시)성에서 산해관(山海關, 산하이관)에 이르는 구간을 예로 들면, 성벽 단면은 사다리꼴로 아래는 넓고 위는 좁은 형태이다. 아래쪽의 평균 넓이는 6m이고 위쪽은 5m이며 높이는 6.6m이다. 내부에는 흙을 다져놓고 바깥쪽에 연석(緣石)과 아주 큰 벽돌을 쌓았다. 성벽의 위쪽은 말 5필이나 사람 10명 정도가 함께 지나갈 정도이고, 바닥은 벽돌을 3, 4층으로 깔았다. 그리고 가장 위쪽의 벽돌은 네모난 모양으로 석회로 틈을 메웠으며, 깔린 벽돌은 아주 반듯하고 견고하다. 또한 성벽 위쪽 양편에 벽돌로 담을 만들었는데 안쪽 방향은 1m 높이의 성가퀴이고, 바깥쪽 방향은 1.6m 높이의 총안(銃眼)으로 각각의 총안에는 외부를 감시할 수 있는 구멍이 있으며, 그 아래로 활 등을 쏠 수 있는 구멍이 따로 만들어져 있다. 이 밖에 성벽 위에는 빗물 등을 한곳으로 모으는 배수구와 모인 물이 성벽 밖으로 떨어지게 하는 시설 등도 설치되어 있다.

오늘날 북경의 거용관(巨庸關, 쥐융관)과 팔달령(八達嶺, 바다링) 등에서 볼 수 있는 웅장하고 화려한 장성은, 명나라 때 건축한 성벽이다. 명나라 때의 장성은 서쪽의 가욕관(嘉峪關, 자위관)에서 동쪽의 산해관(山海關, 산하이관)까지 총 12,700리에 달한다.

팔달령장성은 명대인 1505년에 축조된 것으로, 산의 능선을 따라 뻗은 이 구간 장성의 높이는 7m이고, 상부의 폭은 4m이다. 그 당시 이미 장성 위를 지나던 군사들이 좁은 폭 때문에 줄을 짓지 않아도 될 정도의 넓이를 확보하고 있었다. 만리장성 관광이 대부분 팔달령에서 이루어진다고 할 만큼 팔달령장성은 보존이 비교적 잘 되어 있다.

팔달령장성의 관람 가능한 길이는 3,741m이며, 옹성(甕城, 웡청)과 2곳의 익성(翼城, 이청)을 중심으로 망경석(望京石, 왕징스), 천험류제(天險留題, 티앤쌘류티), 탄금협(彈琴峽, 탄친시아), 적루(敵樓, 디루), 돈대(墩臺, 둔타이), 성대(城台, 청타이), 적대(敵台, 디타이), 봉화대(烽火台, 펑훠타이) 등을 관람할 수 있도록 되어 있다.

장성(長城)은 1987년 유네스코 세계문화유산으로 지정되었으며, 세계 관광 명소로 널리 알려져 있다.

만리장성

제**11**장 항주(杭州, 항저우)

항주(杭州, 항저우)는 절강(浙江, 저지앙)성의 성도이며, 전당강(錢塘江, 첸탕강)의 하구에 있는 중국 화동지방의 고도(古都)이다. 서쪽 교외에 서호(西湖, 시후호)를 끼고 있어, 그 주위로 이루어진 아름다운 경관은 '하늘에 천당이 있다면, 땅에는 소주와 항주가 있다.(上有天堂, 下有蘇杭)'는 말처럼 소주(蘇州, 쑤저우)와 함께 아름다운 고장으로 알려져 있다.

항주는 4천 년 전부터 고대 문화인 양저(良渚)문화가 번성했으며, 춘추시대에는 오·월 두 나라가 패권을 다툰 곳이기도 하다. 진(秦)나라 시황제(始皇帝)가 6국을 통일한 후, 이 지역에 전당(錢糖, 치앤탕)현을 설치한 것이 항주 역사의 시작이라 한다. 항주라는 명칭은 수(隨) 개성(開星) 9년(589)에 처음으로 쓰였으며, 그 후 항주는 오월(893~978), 남송(1127~1279)의 도읍으로 번성했다. 남송(南宋) 때는 명칭을 임안(臨安)으로 고쳤다가 명(明)대에 다시 항주로 명칭을 바꿨다. 항주의 많은 유물들은 외구의 침입과 19세기 태평천국군(太平天國軍)의 난으로 많이 파괴되었으나 현재는 많이 복원된 상태이다.

항주에는 서호를 비롯한 많은 관광자원이 있다. 영은사(靈隱寺, 링인스), 비래봉(飛來峰, 페이라이펑), 갑구백탑(閘口白塔, 자먼바이타), 보숙탑(保俶塔, 보우수타), 뇌봉탑(雷峰塔, 레이펑타), 육화탑(六和塔, 류허타) 등 불교사원과 탑을 비롯하여 원대의 회교사원인 봉황사(鳳凰寺, 펑황스) 등이 있다.

항주는 또한 녹차(綠茶)의 최고급품으로 알려진 용정(龍井, 룽징)차의 산지이며, 중국차엽박물관의 소재지이다. 또한 전설과 소설을 소재로 한 세계적으로 유명한 〈송성천연의 정(宋城千古情)〉 공연도 인문관광자원으로 각광받고 있다.

제1절 ┃ 영은사(靈隱寺, 링인스)

영은사(靈隱寺, 링인스)는 항주(杭州, 항저우)시의 서호(西湖, 시후) 서북쪽에 있으며, 영은(靈隱, 링인)산 또는 무림(武林, 우린)산이라고도 하는 산기슭에 자리한 사찰이다.

운림사(雲林寺, 윈린스)라고도 하는 영은사는 서호 주변에서 규모가 가장 크고 역사가 가장 오래된 사찰이다. 총면적이 87,000m²에 달하는 영은사는 동진(東晉) 때인 326년 인도의 승려 혜리(慧理, 후이리)가 창건했다고 한다. 그는 비래봉(飛來峰, 페이라이봉)에 와서 '선령이 은거한 곳(仙靈所隱)'이라 하여 사찰을 이곳에 지어 영은사라 불렸다. 그 후 영은산경덕사(靈隱山景德寺, 링인산징더스), 경덕영은사(景德靈隱寺, 징더링인스), 영은산은현친선사(靈隱山恩顯親禪寺, 링인산언셴친찬스) 등으로 불렸고, 청나라 강희제(康熙帝)는 운림선사(雲林禪寺, 윈린찬스)라고 편액을 적어주기도 했으나, 오늘날까지 영은사라는 이름으로 널리 알려져 있다.

영은사는 오대십국(五代十國)의 오월(吳越)시대에 가장 번성했다. 당시 규모는 9개의 루(樓)와 18개의 각(閣), 72개의 전(殿)에 모두 1,200여 개의 전각이 있었고, 승려 수는 3,000명에 달했다. 이후 청나라 가경제(嘉慶帝) 때인 1816년에 화재로 인해 폐허가 되었으며, 도광제(道光帝) 때인 1823년부터 5년에 걸쳐 재건사업을 실시하여, 천왕전(天王殿)과 대웅보전(大雄寶殿) 등을 증축하면서 현재의 규모를 갖추었다.

영은사는 역사가 오래된 만큼 여러 차례 파손되고 재건되었다. 현재의 가람 배치는 청나라 말기의 것이며, 대웅보전, 천왕전(天王殿), 약사전(藥師殿) 등이 있다. 정문인 천왕전에는 '운림선사(雲林禪寺, 윈린찬스)'라고 쓰인 강희제의 친필 편액이 걸려 있다. 주요 불전인 대웅보전(大雄寶殿)에는 높이 20m에 가까운 석가모니상이 안치되어 있다. 영은사의 입구 근처에는 오백나한당(五百羅漢堂)이 있으며, 사원 앞의 비래봉(飛來峰, 페이라이펑)의 암벽에는 마애불 석각이 470존이 있는데, 그중 335존이 비교적 온전하게 보존되어 있다.

영은사

제2절 육화탑(六和塔, 류허타)

육화탑(六和塔, 류허타)은 항주(杭州) 서호(西湖) 남쪽 전당강(錢塘江) 강변의 언덕 월윤산(月輪山, 웨룬산)에 있다. 이 탑은 중국에서 현존하는 가장 잘 보존된 전목(塼木)구조 고탑(古塔) 중 하나이다.

육화탑은 8각 7층의 거대한 탑으로, 높이는 약 60m에 달하며, 밖에서 보면 8각 13층으로 보이지만, 실제 내부는 7층탑인 독특한 구조를 하고 있다. 이 탑은 오월왕(吳越王) 전홍숙(錢弘俶) 때인 970년, 승려 지각선사(智覺禪師)가 건의해 지어졌다고 한다. 처음에는 9층탑으로 세우고 탑신(塔身)에 탑등(塔燈)을 설치하여, 야간에 전당강(錢塘江, 첸탕강)에서 항해하는 선박들에게 표지등(標識燈) 역할을 해줬다. 그 후 1121년 북송 휘종(徽宗) 때 전란으로 거의 전부가 파손되었으며, 1153년 남송(南宋) 고종(高宗) 때 재건사업을 시작하여, 1163년 효종(孝宗) 때 완공되었다. 재건된 탑은 7층으로 줄어들었고, 높이도 59.89m로 원래보다 낮아졌다. 이후로도 여러 차례 중수작업이 이루어졌지만, 남송 때의 구조를 유지하고 있다. 그 후 청대 광서(光緒) 26년인 1900년대에 목재로 다시 증축했다.

현존하는 육화탑은 외형은 13층이지만 내부는 7층이다. 팔각형의 누각식(樓閣式) 전목탑으로 탑신은 벽돌로 쌓았고, 바깥처마는 목조이다. 탑신 내부에는 나선형 계단이 있어 맨 위층까지 올라갈 수 있다. 각 층에는 모두 4각형의 탑실(塔室)이 있다. 탑실 천장은 2층의 내쌓기구조로 장식하고, 두공(鬥拱)으로 받치게 되어 있다. 탑 밖으로 목조 처마와 회랑이 널찍하고 길게 펼쳐져 있어, 주변 경관을 감상하기에 좋다.

육화탑 수미단(須彌座)에는 200여 점의 벽돌조각이 있는데 석류, 연꽃, 비상하는 봉황, 앵무새, 사자 비선(飛仙) 등이 생생하게 조각되어 있다. 제일 위층에서는 절강(浙江)성 제일이라는 전당강(錢塘江)의 흐름을 한눈에 내려다볼 수 있으며 강남의 경치도 조망할 수 있다. 전당강은 절강성에서 가장 큰 하천으로, 예부터 음력 8월 중추절 무렵만 되면, 만조로 인해 바닷물이 거대한 파도로 역류하는 해소(海嘯)현상이 일어났다. 하여 이곳 사람들은 강물의 범람을 막고자 탑을 세웠다고 한다. 육화(六和)라는 탑의 이름도 홍수를 막아낸 육화라는 소년이 등장하는 육화진강(六和鎭江)이라는 전설에서 따온 것이라고 한다. 지금도 음력 8월 18일 전후의 만조 때가 되면, 거대한 파도가 전당강을 역류하는 해일현상을 볼 수 있다.

　또한 탑이 소재한 개화사(開化寺) 사찰 안의 중국고탑진열관(中國古塔陳列館)에는 전국 각지의 고탑들이 전시되어 있다. 90년대부터 개방한 중화고탑전람원(中華古塔博覽苑)은 약 100개의 유명한 탑(名塔)들을 1/10 크기로 축소한 모형을 전시하고 있다.

육화탑

제3절　뇌봉탑(雷峰塔, 레이펑타)

　뇌봉탑(雷峰塔)은 절강(浙江)성 항주(杭州)시 서호(西湖) 남안의 석조(夕照)산에 있다. 원래는 '황비탑(黃妃塔)' 또는 '서관전탑(西關塼塔)'이라 했다. 전설에 따르면 975년 오월왕(吳越王) 전홍숙(錢弘俶, 치앤훙수)이 총애하는 왕비

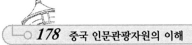

(寵妃) 황씨(黃氏)가 아들 낳은 것을 기념하여 세웠다고 한다. 또한 오월왕이 977년 국태민안(國泰民安)을 기원하기 위해 세운 불탑이라고도 한다. 뇌봉(雷峰)이라는 명칭은 이 탑이 위치한 석조산(夕照山)의 최고봉인 뇌봉(雷峰)에서 유래되었다. 뇌봉탑은 팔각형, 5층의 벽돌과 목조구조의 웅장한 누각(樓閣)식 탑이다. 뇌봉탑의 탑첨(塔簷), 평좌(平座), 유랑(遊廊), 난간(欄杆) 등은 목조구조로 되어 있으며, 탑의 내부 8면에는 화엄경(華嚴經) 석각(石刻)이 새겨져 있다. 탑 아래 부분에는 금강나한(金剛羅漢) 총 15존(尊)이 있었으나, 후에 정자사(淨慈寺, 찡츠스)로 옮겨졌다.

원대의 뇌봉탑은 보존상태가 비교적 양호했다. 그러나 명(明) 가정(嘉靖)연간 왜구(倭寇)가 항주를 침범했을 당시, 탑 내에 명군(明軍)이 숨어 있을 것을 의심한 왜구가 불을 질렀다. 그로 인해 탑의 목조부분인 탑첨(塔簷), 평좌(平座), 난간(欄杆), 탑정(塔頂) 등 구조물이 소실되고, 단지 벽돌로 이루어진 탑신(塔身)만 남았다. 이후 뇌봉탑(雷峰塔)의 벽돌이 병을 치료하고 아이를 갖게 한다는 속설이 생겨나, 많은 사람들이 탑의 벽돌을 가져가 벽돌이 훼손되고, 탑 내의 경전들이 소실되기도 했다. 벽돌이 빠져버린 훼손된 탑기단(塔基)은 1924년 9월 무게를 지탱하지 못해 전체가 무너져 내렸다. 그 후 1999년 10월 항주(杭州)시는 뇌봉탑 복원공사를 시작하여, 2002년 10월 복원공사를 마쳤다. 새로 만든 뇌봉탑은 옛 뇌봉탑의 터에 남송(南宋)시대 탑의 외관으로 만들어졌다. 탑의 높이는 71m로 기단 9.8m, 탑신 45.8m, 탑찰(塔刹) 16.1m이며, 위에서 아래로 탑찰(塔刹), 천궁(天宮), 암층(暗層), 정혈(井穴)식 지궁(地宮)으로 구성되어 있다. 새로 만든 탑기단은 옛 모습을 재현했으며, 유리로 둘러싸여 밖에서 볼 수 있도록 되어 있다. 현재 탑좌(塔座) 부분에는 기존 유적의 전시공간을 두어, 많은 문헌자료를 보관하고 있다.

또한 암층에는 백사전 전설을 입체적으로 재현해 전시하고 있다. 2, 3, 4층에는 오월조탑도(吳越造塔圖), 뇌봉탑 역대 시문(詩文), 서호십경 등을 전시하고 있다. 5층은 송대의 화려한 벽화들로 가득하며, 천장에는 천궁, 뇌봉탑 재건축자료 등을 전시하고 있다. 뇌봉탑에서는 서호의 아름다운 풍경을 한눈에 볼 수 있으며, 서호 10경의 모든 경관이 한눈에 들어오는 절호의 장소이다.

　뇌봉탑은 서호십경(西湖十景, 시후십경)의 하나인 백사전(白蛇傳)의 전설로 인해 더욱 유명하다. 또한 서호를 사이에 두고 보숙탑과 마주하고 있다. 뇌봉탑은 돈후하고 우아(敦厚典雅)한 반면, 보숙탑(保俶塔, 보우수타)은 가냘프고 수려하여, 두 탑이 어우러져 그 모습이 더욱 아름답다. 뇌봉탑은 석양이 비추면 그림자가 가로 걸려 있어 아름다운 경관을 이룬다. 하여 서호십경의 하나인 뇌봉석조(雷峰夕照, 레이펑시조우)로 유명하다.

　뇌봉탑은 그 신비함과 함께 뇌봉탑을 배경으로 한 많은 전설들이 전해지고 있다. 뇌봉탑에 얽힌 많은 사연을 담은 백사전(白蛇傳)은 맹강녀(孟薑女), 양축(梁祝, 양산백과 축영대의 약칭), 견우와 직녀(牛郎織女)와 함께 중국의 4대 민간전설로 알려져 있다. 백사전은 남송시대의 허선과 백낭자(許仙與白娘子)의 사랑이야기로 청대에 이르러 성행했으며, 항주의 서호(西湖, 시후)와 뇌봉탑이 주요 배경이 되었다.

뇌봉탑

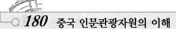

이 이야기는 사람인 허선(許仙)이 수련을 통해 사람이 된 백사(白蛇)와의 애절한 사랑이야기를 담은 전설로, 많은 불교 전설과 봉건시대의 예교(禮敎)를 반영했다. 지금도 사람들은 뇌봉탑 하면 백사전을 떠올릴 정도로 뇌봉탑은 백사전의 전설로 유명하다.

● 백사전(白蛇傳)

백소정(白素貞, 바이쑤쩐)은 천년 묵은 백사(白蛇)로, 법해(法海) 화상(和尙)의 선단(仙丹)을 먹은 후 신통력을 지니게 된다. 그러자 백사는 서생(書生) 허선(許仙, 쉬씨앤)이 전생에 자기를 구해준 은혜에 보답하기 위해 사람으로 변신하게 된다. 그 후 청사(青蛇)인 소청(小青)을 만나 친구가 되었다. 백소정은 법력(法力)을 통해 계책을 세워 허선과 친분을 쌓고 드디어 그에게 시집을 가게 된다. 결혼 후에 금산사(金山寺)의 화상(和尙) 법해(法海)는 백소정이 자기의 선단(仙丹)을 훔쳐 먹은 것에 대해 보복하기로 한다. 그는 허선에게 단오절에 백소정에게 웅황주(雄黃酒)를 먹이도록 부추겼고, 이를 마신 백소정이 백사로 변하자 이에 허선이 놀라 쓰러진다.

백소정은 천상의 정원에서 신선초(仙草)를 훔쳐와 허선을 살려냈고, 법해는 허선을 속여 금산사에 연금시킨다. 백소정은 소청(小青)과 함께 허선을 구하기 위해 법해에게 대항한다. 그러나 금산사에 물이 차올라 부상을 입고 법해에게 잡혀 뇌봉탑(雷峰塔)에 갇히게 된다. 그 후 백소정이 하늘의 뜻을 어기고 낳은 아들이 장성하여 장원급제하게 되어, 뇌봉탑에 갇힌 어머니를 구출함으로써, 비로소 가족 모두가 함께 살게 된다.

백사전의 이야기는 초기에 구두로 전해지며, 각기 다른 여러 판본이 생겨났다. 원본 이야기는 백소정이 뇌봉탑에 갇히는 것으로 결말이 났으나, 다른 판본에서는 백사(白蛇)가 아들을 낳는 상황, 또는 백사의 아들이 장원급제하는 상황, 모친을 구해내며 행복하게 결말이 나는 등 다양하다. 청대 중기 이후 백사전은 경극(京劇)과 곤곡(昆曲)으로 상시 상연되었다. 현대에 이르러서도 대만, 홍콩, 일본 등에서는 백사전을 소재로 한 많은 영화 및 TV 드라마, 만화 영화 등이 제작되었다. 이로 인해 뇌봉탑은 더욱 유명해졌다.

제4절 서호(西湖, 시후)

서호는 항주(杭州, 항저우)시 서쪽에 위치한 담수호수이다. 또한 유네스코 세계문화유산으로 등재된 중국의 유일한 호수이다. 서호의 원래 명칭은 무림수(武林水, 우린수)였다. 한(漢)나라 때 명성호(明聖湖, 밍성호)라고 불렸으나 당(唐)나라 때부터는 도시 서쪽에 있다고 하여 서호(西湖)라 불렀다. 서호는 원래 전당강(錢塘江)과 서로 연결된 해안의 포구였으나, 진흙과 모래로 막혀 육지의 인공호수로 조성되었다.

서호의 삼면은 산으로 둘러싸여 있으며, 호수 안에는 고산(孤山, 꾸산)과 백제(白堤, 바이디) 그리고 소제(蘇堤, 쑤디) 등 제방이 있다. 그로 인해 서호는 외호(外湖, 와이후)와 북안호(北裏湖, 베이리후), 서안호(西裏湖, 시리후), 악호(嶽湖, 웨후), 남호(南湖, 난후) 등 다섯 개의 작은 호수로 나뉜다. 호수 속에 떠 있는 소영주(小瀛洲, 쏘잉저우)와 호심정(湖心亭, 후씬팅), 완공돈(阮公墩, 루안꿍둔) 등 세 섬은 외호(外湖)의 중심에 자리하고 있어, '1산(一山), 2탑(二塔), 3도(三島), 5호(五湖)'의 배치로, 중국의 10대 명승지 중 하나로 꼽힐 만큼 아름다운 절경을 자랑하고 있다.

서호가 아름다운 자태를 갖추게 된 것은 역사적으로 대규모 물길공사가 있었기에 가능했다. 당(唐)대에는 백거이(白居易, 바이쥐이)가 항주태수로 있을 때, 제방을 손질해 상국정(相國井, 샤궈징), 서정(西井, 씨징), 금우정(金牛井, 찐뉴징), 방정(方井, 방징), 백귀정(白龜井, 바이꿰이징), 소방정(小方井, 쏘방징) 등 육정(六井, 류징)을 만들었다. 그 후 송대(1089년) 소동파(蘇東坡, 쑤둥퍼)

가 항주지사로 있을 때 20만 명을 동원해 서호의 물길을 잡았다. 그리고 연못의 진흙과 풀뿌리를 이용해 길이 2.8㎞의 남북향 제방을 쌓아, 남병(南屏, 난핑)산허리에서부터 곡원풍하(曲院風荷, 취위앤펑허)까지 이었다. 제방 위에는 영파(映波, 잉버), 쇄란(鎖瀾, 쉬란), 망산(望山, 왕산), 압제(壓堤, 야디), 동포(東浦, 둥푸), 과홍(跨虹, 콰홍) 등 6개의 다리를 세워 호수 위를 통과하도록 했는데, 이 다리들을 소제육교(蘇堤六橋, 쑤디류치요) 또는 서호 외호육교(外湖六橋, 와이후류치요)라 한다. 또한 제방에 앵두나무와 버드나무 등의 꽃과 풀을 심었는데, 이것이 그 유명한 소제(蘇堤, 쑤디)이다. 명대에는 양맹영(楊孟瑛, 양멍잉)이 항주태수로 부임하게 되고 세 번째의 대규모 공사를 진행하여 양공제(楊公堤, 양꿍디)를 세웠다. 양공제 또한 환벽(環璧, 환삐), 유금(流金, 류진), 와룡(臥龍, 워룽), 은수(隱秀, 인씨우), 경행(景行, 징싱), 준원(濬源, 쥔위앤) 등 6개의 다리를 만들었다. 이 다리들은 서호 안육교(裏六橋, 리류치요)라 하는데 소제의 6교와 더불어 '서호 12교'라 한다. 서호에는 또한 많은 다양한 정자(亭子)들이 있어, 서호의 아름다움을 더해주고 있다.

서호는 계절마다 독특한 아름다움을 지니고 있어, 여러 번 보아도 그때마다 새롭게 느껴지는 곳이다. 아침과 저녁, 맑은 날과 궂은 날에 보는 모습이 각기 다른 서호는, 역사적으로 많은 문인들의 사랑을 받았던 곳이다. 그중 소동파(蘇東坡, 쑤둥퍼)의 〈음호상초청후우(飮湖上初晴後雨)〉라는 시는 오늘날까지 서호의 아름다움을 노래하는 상징적인 시로 알려져 있다.

飮湖上初晴後雨(음호상초청후우)

蘇軾(소식, 1037~1101)

水光瀲灩晴方好,　　반짝이며 넘실거리는 물빛 맑아서 더욱 좋고

山色空蒙雨亦奇;　　뿌얀 이슬비 속에 잠긴 산빛 또한 기이하네.

欲把西湖比西子,　　서호(西湖)를 서시(西子)에 견주어보고 싶나니

淡妝濃抹總相宜.　　화장이 엷든 진하든 잘 어울리기 때문일세.

이 시는 소동파(蘇東坡)가 서호의 아름다움을 월나라 미인 서시(西施)에 비유해 노래한 시이다. 서호의 서자호(西子湖)라는 이름은 소동파((蘇東坡)가 서호의 아름다움을 서시에 비유함에서 유래된 것이다.

서호는 2011년 6월 유네스코 세계문화유산으로 등재되었다. 등재된 내용에는 '서호십경'을 비롯하여 보숙탑(保俶塔, 보우수타), 뇌봉탑(雷峰塔, 레이펑타) 유적, 육화탑(六和塔, 류허타), 정자사(淨慈寺, 찡츠스), 영은사(靈隱寺, 링인스), 비래봉조상(飛來峰造像, 페이라이펑쪼우샹), 용정(龍井, 룽징) 등 많은 문화역사유적을 포함시켰다.

서호를 무대로 펼쳐지는 전설은 〈백사전〉을 비롯해, 남편에 대한 지고지순한 사랑을 보여준 맹강녀의 이야기, 그리고 중국인들이 제일로 손꼽는 양산백과 축영대의 슬픈 사랑이야기가 지금까지 전해지고 있다. 양산백(梁山伯)과 축영대(祝英臺)의 사랑이야기를 중국인들은 줄여서 〈양축고사(梁祝故事)〉 또는 〈양축전설(梁祝傳說)〉이라고도 한다. 〈양축〉은 중국에서 가장 매력적인 구전예술(口傳藝術)로, 중국 무형문화재에 등록되어 있다. 현대에 이르러 양축은 연극, 영화, 드라마, 무대극, 무용, 애니메이션, 오페라에 이르기까지 거의 모든 장르로 소개되고 있다.

서호

제5절 중국차엽박물관(中國茶葉博物館)

중국차엽박물관은 항주(杭州)시 서호(西湖) 용정(龍井, 룽징)차의 산지인 쌍봉(雙峰, 쌍펑) 일대에 자리 잡고 있다. 1990년 10월에 문을 연 중국차엽박물관은 중국 국가여유국(國家旅遊局)과 절강(浙江, 저지앙)성 및 항주시가 공동으로 지은 중국 차 전문박물관이다. 박물관은 4개 동으로 나누어, 테마별로 차(茶)의 역사, 차이야기, 각종 다기 등을 전시 소개하고 있다.

1호 건물은 차역사전시실(茶史廳), 차모음실(茶萃廳), 다기전시실(茶具廳), 차이야기전시실(茶事廳), 차의 풍속전시실(茶俗廳) 등 총 다섯 개 테마로 구성되어 있다. 차역사전시실에는 다승(茶聖), 다선(茶仙), 다신(茶神)으로 알려진 당(唐)대 유명한 다학가(茶學家) 육우(陸羽, 루위)의 조각상이 세워져 있다. 이곳에서는 찻잎의 역사연표, 운남(雲南, 원난) 차나무에 대해 소개하고 있으며, 사진과 실물을 통해 신농(神農)이 온갖 찻잎을 맛본 시기부터 중화민국 시기까지의 중국차 발전사를 소개하고 있다.

차모음실에는 가장 대표적인 6대 차인 녹차(綠茶), 홍차(紅茶), 오룡차(烏龍茶), 백차(白茶), 황차(黃茶), 흑차(黑茶)의 300여 개 품종이 전시되어 있고, 아름다운 차 생산지의 사진도 함께 감상할 수 있다.

차이야기전시실은 찻잎의 재배와 수확, 가공, 보관에서 우리기까지의 관련 지식을 소개하는 곳으로, 오늘날 차밭의 사진과 찻잎 가공공장의 모형도 전시하고 있다. 또한 차의 재배와 제조 및 차를 맛보는 방법 등을 소개하고 있다. 특히 당송(唐宋)시기에 차를 만들 때 사용했던 도구의 복제품들이 인상적이다.

다기전시실에는 원시사회부터 근대까지 사용했던 여러 가지 다기 200여 점이 전시되어 있는데, 그릇, 잔, 병, 주전자, 찻잔 등이 모두 전시되어 있다.

차의 풍속전시실에서는 운남(雲南, 원난), 사천(四川, 쓰촨), 서장(西藏, 시짱),

복건(福建, 푸젠) 및 명·청(明·淸)시대의 음차방법(飮茶方法)과 다례(茶禮)를 소개하고 있어 중국의 다채로운 차(茶)문화를 접할 수 있다.

2호 건물에서는 주로 외빈 접대와 학술 교류가 진행된다. 3호 건물은 여섯 개의 각기 다른 체험실로 되어 있다. 관람객들은 이곳에서 여러 가지 차를 맛보고 차의 풍미를 체험할 수 있다. 4호 건물은 강남원림(江南園林)의 양식으로 건축된 곳으로, 가산(假山)과 주위의 차밭이 함께 잘 어우러져 더욱 운치가 있다. 이곳에서는 다양한 다예(茶藝)와 다도(茶道)를 감상하게 된다.

항주는 이처럼 사람들의 사랑을 받는 아름다운 관광자원들이 풍부하다. 관광지뿐만 아니라, 항주에 가면 반드시 관람해야 하며, 중국인들이 평생 한번은 봐야만 한다고 하는 〈송성 천년의 정(宋城千古情)〉 공연은 한국인 관광객들에게 일명 송성가무쇼로도 잘 알려져 있다. 〈송성 천년의 정(宋城千古情)〉은 남송시대 번화한 항주의 모습을 보여주며, 라스베이거스의 오쇼(O Show)와 파리 물랭루주쇼와 함께 세계 3대 공연으로 일컬어진다.

항주 중국차엽박물관

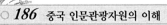

〈송성 천년의 정(宋城千古情)〉 공연은 총 4개의 장으로 구성되어 있다. 매번 조금씩 다르기는 하지만 제1장은 남송시대의 황제연회, 제2장은 남송 악비장군의 무용담, 제3장은 서호 전설이야기, 제4장은 매력적인 항주 등의 소재로 구성되어 있다. 때로는 서시(西施)와 양축의 소재로 장르가 바뀌기도 하지만, 공연은 전반적으로 웅장하고, 생동감이 넘친다. 말 달리는 장면, 폭포수 연출 등이 생생하게 재현되며, 색채와 그 화려함은 가히 일품이라 할 수 있다.

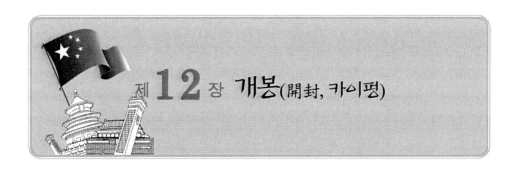

제 **12** 장 개봉(開封, 카이펑)

    개봉은 중국 하남(河南, 허난)성 황하(黃河) 중하류에 있는 도시로서 춘추(春秋)시대에 정(鄭)나라가 축성했다고 하며, 중국 7대 고도(古都)의 하나이다. 전국(戰局)시대에 위(魏)나라가 이곳으로 도읍을 옮긴 이후, 후량(後梁), 후진(後晉), 후한(後漢), 후주(後周), 북송(北宋), 금(金) 등의 나라가 모두 이곳에 도읍을 정했다. 특히 운하가 개통되었던 북송(北宋) 때 크게 번성하여, 한때 100만 명이 넘는 인구가 거주하던 도시였으나, 송나라가 망하면서 쇠퇴하였다.

    개봉이라는 지명은 춘추시대에 붙여진 이름이다. 당시 이 지역을 지배했던 정나라 장공(庄公)이 현재의 개봉 근처에 성을 쌓고, 계봉(啓封)이라는 이름을 붙였다. 그 후 전국시대에는 위나라(魏)의 영역이었고, 대량(大梁)이라는 이름으로 수도가 되었으나, 진나라의 공격으로 도시가 황폐하게 되었다. 한(漢)나라의 경제(景帝) 유계(劉啟, 류치)는 자신의 이름이 계(啓)이므로 피휘(避諱)하여 계봉(啓封)과 같은 뜻의 개봉(開封)이라는 이름을 사용케 했고, 자신의 아우 양왕(梁王) 유무(劉武)를 이곳에 봉하기도 했다. 오대십국(五代十國)의 혼란기에 이르러 개봉에 도읍을 정한 나라는 오대의 후량(後梁, 907~923), 후진(後晉, 936~947), 후한(後漢, 947~951), 후주(後周, 951~960) 등이다. 송나라(960~1279)가 혼란을 수습하고, 982년에 다시 중국을 통일했다. 그리고 개봉을 수도로 정했다. 송(宋)대에는 문화와 번영의 황금시대를 맞이하게 되어, 수도 개봉은 당시 세계적인 도시로 성장했다. 그러나 1127년 송나라는 여진족(女眞族)

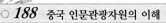

이 세운 금(金, 1115~1234)나라의 공격을 받아, 수백만에 달하는 난민들이 강남으로 이주하게 되면서 남송의 시대를 열게 된다. 남쪽 임안(臨安, 지금의 항주)으로 수도를 옮겨 연명하던 남송은 1142년 하남(河南)성을 포함한 북중국 전체를 금나라에게 빼앗기게 된다. 이때를 기점으로 하여 장강 삼각주 지역, 이른바 강남이 하남(河南)성을 대신하여 새로운 경제와 문화의 중심지로 부각되었다. 따라서 하남성은 이전의 번영을 잃게 된다.

금나라는 1157년에 개봉을 남경으로 정하고 재건한다. 그리고 1214년에 몽골의 침략을 피해 수도를 개봉으로 옮기게 된다. 1234년 결국 금나라는 몽골과 남송에 의해 멸망하게 되고, 1279년에는 남송 역시 몽골에 의해 멸망하면서 몽골은 중국 전체를 지배하게 된다. 몽골의 지배는 1368년 명나라(1368~1644)가 건국되면서 끝나게 된다. 명나라는 지금의 하남성과 거의 일치하는 행정구역을 설치했다. 개봉은 명나라의 건국과 함께 하남성의 성도가 된다. 1642년에 명나라 군대는 이자성(李自成)의 반란군이 개봉시를 점령하는 것을 막기 위해 황하를 이용해 개봉시를 범람(氾濫)시켰다. 이로 인해 개봉은 황폐화되었다. 그 후 청(淸)대의 강희제 재위기간인 1662년에 이르러서야 비로소 개봉이 재건되었다. 그러나 1841년에 다시 홍수가 발생했고, 1843년에 현재의 모습으로 다시 재건되었다. 그 후 개봉은 1954년 성도를 정주(鄭州)로 옮겨가기 전까지 하남성(河南省)의 성도였다. 현재는 하남성에 속한 지방도시이다.

인문관광자원으로 송의 궁전유적인 용대(龍臺, 룽타이)를 비롯하여 대상국사(大相國寺, 쌍궈스), 우왕대(禹王臺, 위왕타이), 대석교(大石橋, 따스쵸우), 그리고 북송(北宋)의 동경성(東京城) 옛터에 있는 용정철탑(龍亭鐵塔, 룽팅톄타) 등이 있다. 최근에는 청명상하도(淸明上河圖)의 모습을 재현한 청명상하원(淸明上河園)이 관광자원으로 급부상하고 있다.

제1절 | 청명상하원(淸明上河園)

청명상하원(淸明上河園)은 개봉(開封)의 서북쪽에 있다. 이곳은 북송의 유명한 화가 장택단(張擇端, 장저뚜안)의 작품 〈청명상하도(淸明上河圖)〉에 근거하여 재현한 곳이다.

〈청명상하도〉는 장택단(張擇端)의 불후의 명작으로, 북송의 수도 변량(汴梁, 지금의 개봉)의 청명절(淸明節)풍경, 즉 풍요롭고 다채로운 생활과 번화하고 활기찬 도시의 풍경을 그린 작품이다. 이 한 폭의 긴 두루마리 그림은 오른쪽에서 시작하여 평화로운 논밭이 펼쳐지고, 장을 보러 가는 시골 사람들과 짐을 실은 노새와 말들이 밭 사이 작은 길을 통해 성 안으로 모여든 모습이 그려져 있다. 이어 늙은 버드나무에는 새 가지가 자라나고, 키 큰 홰나무에는 움이 터서 북쪽에 찾아온 봄의 생기를 보여준다. 자연은 금방 이른 봄의 추위에서 깨어난 듯하고, 나그네와 농부들은 좁은 시골길을 걷고 있으며, 대나무피리에 실린 목가(牧歌)는 청신하고 은은하게 멀리 울려 퍼진다. 이어서 성곽의 길로 이어지고 사람들이 차츰 많이 보이고, 술집 등이 강변에 자리 잡고 있다. 배들은 나루터에 모여 있고, 사람들은 강변에 정박한 배에서 무거운 곡식자루를 부리고 있다. 이때 넘실거리는 강물과 그 위를 가로지르는 무지개다리가 화폭에 나타나면서 화면이 갑자기 격렬하고 활기차게 변한다. 화물을 잔뜩 실은 배가 물결을 따라 다리 밑을 지나갈 채비를 하고, 돛대는 쓰러져 있고, 뱃사공은 밧줄을 힘차게 틀어쥐고 있다. 그러사 다리 위에서는 소리치며 맞이하고, 강가에서는 팔을 흔들어 협조한다. 행인들은 다리에 모여 긴장감 도는 그 모습을 흥미롭게 지켜본다. 그러나 걸음을 재촉하며 수레를 밀고 짐을 지고 가는 사람들은 한눈 팔 사이도 없다. 그들은 저마다 생계를 유지하는 데 필요한 짐을 메고 있기 때문이다. 다리를 지나서 앞으로 나아가면 강 위의 배는 점차

멀어지고 있다. 거리를 가로질러서 화폭의 가장 떠들썩한 곳인 큰 거리의 양쪽으로는 술집이 늘어서 있고, 마차와 행인들은 옷깃을 스치며 지나가고, 온갖 사업이 흥성하고 인파가 물처럼 흐르고 있다. 그림은 여기서 끝나지만 보는 이들에게 끊임없는 상상의 공간을 남긴다. 이 그림을 통해서 우리는 중국 옛사람들의 청명절 풍습을 사실 그대로 자세히 감상할 수 있다. 이처럼 중국 북송시대의 옛 도시 개봉의 사회생활상을 생생하게 재현한 〈청명상하도〉를 토대로 한 청명상하원은 개봉의 대형 역사 문화 테마파크이다.

청명상하원은 1992년 7월에 착공하여, 1998년 10월 28일에 일반인에게 개방했다. 청명상하원에서는 북송의 황실정원, 궁정유희 등을 접하게 되며, 발길 닿는 대로 들어가다 보면, 타임머신을 타고 그림 속으로 들어가는 착각을 일으킬 정도로, 당시의 생활상을 체험할 수 있게 된다.

청명상하도

제2절 ┃ 대상국사(大相國寺, 따쌍궈스)

대상국사(大相國寺)의 원래 이름은 건국사(建國寺)이며, 개봉(開封)시 자유로(自由路)에 있다. 중국의 유명한 불교사원인 대상국사는 북제(北齊) 천보(天保) 6년(555)에 처음 지어졌다. 그 후 당(唐)나라 시기인 712년 당(唐)나라 예종(睿宗)은 자신이 상왕(相王)에서 황제로 등극하게 됨을 기념하기 위해 대상국사(大相國寺)라는 이름을 내렸다. 북송시기의 상국사는 황족들의 존숭(尊崇)을 받아 여러 차례 증축되어 경성(京城)에서 가장 큰 사원이자 전국 불교활동의 중심지가 되었었다. 그 후 전란과 수해로 파손되었지만 명(明)대 영락(永樂) 4년(1406)과 성화(成化) 20년(1484)에 두 차례의 보수공사를 한 후 숭법사(崇法寺)라는 명칭을 가지게 되었다. 청(淸)나라 순치(順治) 18년(1661)에 이르러서는 산문(山門), 천왕전(天王殿), 대웅보전(大雄寶殿) 등을 중건(重建)하고, 상국사(相國寺)라는 이름을 다시 회복했다. 청(淸)대 강희(康熙)제 10년(1671)에도 중수(重修)공사를 진행했다. 중화민국(1912~1919) 초기에 팔각전(八角殿)과 법당(法堂)을 보수했고, 민국 16년(1927) 풍옥상(馮玉祥, 펑위샹)이 상국사(相國寺)를 중산시장(中山市場)으로 바꿨다. 상국사는 1992년 8월 불교활동을 재개하면서 종루(鐘樓)와 고루(鼓樓) 등을 재건했다. 그러나 민국 22년(1933) 유치(劉峙, 류츠)가 성립(省立) 민중교육관(民眾教育館)을 상국사로 옮겼다. 1949년 이후 상국사가 다시 원래모습을 회복하고, 이름을 되찾게 되었다.

현재 대상국사에는 천왕전(天王殿), 대웅보전(大雄寶殿), 팔각유리전(八角琉璃殿), 장경루(藏經樓), 천수천안불전(千手千眼佛殿) 등이 보존되어 있다. 장경각(藏經閣)과 대웅보전은 모두 청(淸)대의 건축물로, 중첨헐산(重檐歇山)식으로 층층이 겹친 공포(斗拱)구조를 하고 있다. 지붕은 황록색 유리와(琉璃瓦, 유리 유약을 발라서 구운 오지기와)로 덮여 있다. 장경루(藏經樓)는 말 그대로 불교경전을 수장하고 보존하는 곳이다. 장경루에 걸려 있는 편액은 청(淸)대 서예가인 손성연(孫星衍)이 쓴 글이라 전해지고 있다. 중앙에 우뚝 서있는 팔각유리전(八角琉璃殿)은 사방이 회랑(遊廊)으로 싸여 있고 지붕은 유리와(琉璃瓦)로 덮여 있다. 팔각유리전은 중축선(中軸線)의 3번째 불전으로 나한전(羅漢殿)이라 하지만 팔각형으로 되어 있는 건축구조로 인해, 보통 팔각유리전이라 한다. 또한 독특한 조형(造型)으로 인해 불교사원 중 유일무이하다고 한다. 대상국사에서는 매년 정월 보름날 연등회(元宵燈會)를 개최하고, 10월에는 개봉시 국화축제(开封市菊花花会)에 맞춰, 해마다 오곡이 풍성하고, 모든 업계가 번창하며, 국가가 강성하여 태평성세를 이루기를 기원하는 수륙대법회(水陆法会)를 개최한다.

대상국사는 2002년 중국 국가 AAAA급 여행관광단지로 지정되었다.

대상국사

제 **13** 장 **안양**(安陽, 안양)

안양은 하남(河南, 허난)성의 최북단 태항산(太行山, 타이항산) 동쪽 기슭에 자리 잡은 도시이다. 중국의 7대 고도(古都) 중 하나이며, 15개의 민족이 모여 사는 도시이다. 시(市)의 북서쪽에서 4km 정도 떨어진 곳에서는 은허(殷墟)의 소중한 문화유산들이 발굴되었다.

은허는 하남성 안양 서북쪽 원하(洹河, 위앤허) 연안의 소돈촌(小屯村, 샤오 툰촌), 화원장(花園莊, 화위안좡), 후가장(侯家莊, 허우쟈좡) 등 지역을 포함하고 있다. 이 일대는 기원전 14세기부터 기원전 11세기까지 상(商)왕조 후기의 도읍지였다. 역사학자와 고고학자들에 의해 발굴된 대부분의 갑골문(甲骨文)은 바로 이 은허에서 발견된 것이다.

안양은 서진(西晉)시대에 안양현이 설치되고, 명(明)·청(淸)시대에는 창덕부(彰德府)가 설치되었다. 안양 부근에서는 후강(後岡)을 비롯하여 신석기시대의 유적들도 발굴되었다. 은허라는 명칭은 도심에서 북으로 약 3km 떨어진 소둔촌(小屯村)에서 은(殷)대 후기의 유적이 발굴되었다 하여 은허(殷墟)라 한다. 은허는 상(商)나라 제19대 왕 반경(盤庚) 시기부터 최후의 제신(帝辛)에 이르기까지 총 12대의 왕도(王都)로 알려졌다. 1899년 이후 이곳에서 발견된 갑골문자가 은왕궁의 복점(卜占)의 기록임이 밝혀졌다. 그 후 1928~1937년 중앙연구원 역사언어연구소의 동작빈(董作賓), 이제(李濟) 등에 의해 15회의 발굴조사가 이루어졌다. 발굴 결과 소둔촌 일대에서 53개 소의 은나라 궁전터와 많은 묘가 발굴되었고, 1만 8,000편에 가까운 갑골(甲骨)을 비롯한 많은 유물들이 발견되었다. 발굴조사는 지금도 중국과학원 고고연구소에 의해 진행되고 있다. 그 외에 부근에 있는 매원장(梅園莊, 메이화좡), 사반마촌(四盤磨村, 쓰판머춘), 설가장(薛家莊, 쒸쟈좡)에서 은대의 유적인 부호묘(婦好墓)가 발굴되었다. 또한 북의 원하(洹河) 북안에 있는 후가장(候家莊), 서북 언덕에서 대사공촌(大司空村)에 이르는 구릉지에는 1,200여 기의 은묘(殷墓)가 발굴되었다. 특히 서북강(西北岡) 및 무관촌(武官村)의 큰 묘는 왕릉으로 추정되고 있다. 그 외에도 북제(北齊)의 범수묘(範粹墓)와 수의 장성묘(張盛墓) 등이 발굴되었으며, 수대에 창건된 천녕사(天寧寺)의 고탑(명대에 중건)과 송나라 한기(韓琦)의 고택, 사묘(祠廟) 등이 발굴되었다.

안양 서북에서 약 2km 되는 원하(洹河) 남안에 있는 언덕에서는 1931년과 1933년에 앙소(仰紹), 용산(龍山), 은(殷) 등의 유적이 발굴되어, 세 문화의 전후관계가 처음으로 밝혀졌다. 발굴 결과 최하층에는 후기의 채도(彩陶), 중층에서는 흑도(黑陶)를 동반한 23기의 주거터, 상층에는 백도(白陶)를 포함한 은대 문화층이 퇴적되어 있었다. 1934년에는 서쪽 지대에서 은대 후기의 대묘(大墓)가 처음으로 발굴되었다. 대묘는 지하 약 10m에 길이 약 20m인 亞자형 또는 사각형모양으로 남북 혹은 사방으로 긴 묘도가 연결되어 있었다. 또한 사람이나 동물들을 제물로 매장한 순장갱(殉葬坑)도 대량 발견되었다. 대묘는 오랜 세월 동안의 도굴로 황폐화되었으나, 대형 청동기의 방정(方鼎)인 우정(牛鼎), 녹정(鹿鼎)과 북, 목기의 흔적, 대리석 조각 등이 발견되었다. 이로써 안양은 중국 7대 고도의 하나로 알려지게 되었다.

제1절 무관촌대묘(武官村大墓)

무관촌은 안양의 서북 약 4km 거리에 있는 촌락이다. 이곳에서는 높이 110cm, 무게 832.84kg에 달하는 최대 청동기인 사모무정(司母戊鼎)이 출토되었다. 1950년에는 마을 북쪽 약 1km에 있는 은대 후기의 대묘가 중국과학원에 의해 발굴되었다. 무관촌대묘는 안양 은허에서 발굴된 무덤 중 규모가 비교적 큰 무덤으로, 면적은 340m²로 발굴 전에 도굴되었으나, 여전히 적지 않은 유물들이 남아 있었다. 무덤형태는 지하 약 7m에 길이 13×10m의 묘실을 만들고, 그 중앙에 길이 6×5m의 곽실(槨室)을 두었다. 곽실 내에는 파괴된 흔적이 심했다.

묘실의 바닥과 곽실의 양측을 가득 메운 순장(殉葬)자는 근시(近侍)와 비첩(妃妾)들로 동쪽은 남자, 서쪽은 여자로 판정되었다. 또한 부장품인 청동용기, 무기도 많이 발견되었다. 남북 묘도에는 차마갱(車馬坑)이 있고, 묘의 남쪽에는 대묘를 만들 때 제사의 산 제물로 희생된 노예의 묘가 정연하게 줄지어 있었다. 발굴 당시 무덤은 '中(중)'자형 무덤으로, 남북으로 각각 하나의 묘도(墓道)가 있었다. 남묘도의 길이는 15.6m, 넓이는 5.7~6.3m로 가운데 '品(품)'자형으로 3개의 긴 마갱(馬坑)이 있었다. 각 갱에는 말 4필이 매장되어 있었으며 무릎 꿇은 사람도 매장되어 있었다.

묘실은 평면장방형으로 남북으로 길이가 14m이고, 동서 넓이가 12m로 되어 있다. 정중앙에 있는 곽실에 묻힌 관괴 무덤 주인의 시신괴 유골은 이미 남아 있지 않았다. 곽실 사방의 2층 단에는 순장된 사람들이 진열되어 있었는데, 동쪽의 17명 대부분이 남성이었고, 서쪽의 24명은 대부분 여성이었다. 곽실하부 중앙에는 길이 1m, 넓이 0.8m인 요갱(腰坑)이 있었는데, 갱 내에는 동과(銅戈)를 들고 있는 사람이 묻혀 있었다. 묘실 윗부분의 흙에는 34개의 사람머리가 묻혀 있어, 말갱(馬坑) 옆 갱에 묻힌 2명까지 하면, 무관촌대묘에 순장된 사람은 총 79명이 넘는 것으로 추정된다.

제2절 부호묘(婦好墓)

소둔촌 북부 은허의 궁전터가 있는 지역에 위치한 부호묘는 1976년에 발굴되었다. 부호묘의 '부호(婦好)'라는 이름은 갑골문에서 찾아볼 수 있다. 많은 학자들은 무덤에 매장된 청동기 명문(銘文)의 '부호'가 갑골문에 보이는 상나라 임금인 무정(武丁)의 법적 배우자 중 한 사람인 '부호'라고 보는데, 그녀는 전투에 능했을 뿐만 아니라, 전공도 많이 세운 여성 장군이었을 것으로 추측하고 있다.

부호묘의 규모는 그리 크지 않다. 무덤 안의 면적은 겨우 20여m²로서 은허 왕릉구역의 큰 무덤에 견주어보면 작은 무덤에 불과하다. 하지만 도굴을 당하지 않아 청동기, 옥기, 보석기물, 상아기물이 출토되었다. 그중 예기(禮器) 210점의 대부분은 주기(酒器)로서, 그 수량이 몇십 년 동안 은허에서 발굴된 것보다 많았다. 발굴된 청동예기는 대부분 쌍을 이루는데다, 그 종류도 온전해서 상나라 예기를 연구하는 데 귀중한 자료가 되고 있다. 부호묘에서는 또한 다섯 개가 한 세트로 된 편뇨(編鐃)와 구리거울 석 점이 출토되었는데, 이 역시 아주 중요한 발견이다.

상왕조의 청동기 중에는 특히 주기(酒器)가 많다. 남성들의 묘뿐 아니라 부호묘와 같은 여성들의 묘에서도 주기가 많이 출토되었다. 이것은 우연이 아니라 상왕조 때 음주가 특별히 성행했던 것과 밀접한 관련이 있다. 특히 상나라 주왕(紂王) 때는 음주가 특별히 성행했다. 상나라가 주왕(紂王) 때 멸망한 이유 중 하나는 그가 술을 절제하지 못하고 과도하게 마신 것도 있다.

부호묘의 구조는 상층 건물터와 별도의 은허 5호묘가 겹치는 밑에 있는 길이 5.6×4m의 장방형 수혈식 토갱묘(竪穴式土坑墓)이다. 6.2m의 깊이에 있는 벽에 붙어 있는 대층(台層)이 있고, 다시 1단(一段) 파내려 가면 중앙에 요갱(腰坑)이 있다. 동서 양측에는 벽감(壁龕)이 있고, 각각 한 구의 순장된 자가 있다. 이곳에서 청동기 468점, 옥기 590여 점, 골기(骨器) 560여 점 등이 발굴되었다. 이 중 60여 점의 청동기에 '부호(婦好)'라는 명(銘)이 새겨져 있었다. 부호는 무정(武丁, BC 11세기경)의 비(妃)인 비신(妣辛, 司母辛)으로 추정되며, 안양시기 출토품의 연대구분에 유력한 자료가 되었다.

제 **14** 장 상해(上海, 상하이)

상해(上海)는 현재 중국 최대의 상업도시이자 국제경제, 금융, 무역도시로서, '호(滬)' 또는 '신(申)'으로 약칭한다. 춘추전국시대에 상해는 초(楚)나라 춘신군(春申君) 황헐(黃歇, 황씨예)의 봉읍(封邑)이었다 하여 별칭으로 '신(申)'이라 한다. 서기 4~5세기인 진(晉)나라 시기에는 어민들이 포어공구(捕魚工具)로 물고기를 잡는 '호(滬)'를 개발했다. 그리고 강이 바다로 흘러드는 곳을 '독(瀆)'이라 하고, 송강(松江) 하류 일대를 '호독(滬瀆, 후두)'이라 했는데 나중에 '호(滬)'라고 부르게 되어 상해를 '호(滬)'라고 부르게 되었다. 당(唐)나라 천보(天寶) 10년(751)에 화정(華亭, 화팅)현을 설치하면서 지리적 위치가 중요해졌다. 그 후 원나라(1291) 때 상해(上海, 상하이)현이 설치되면서 작은 어촌이 커지기 시작하여, 명나라 때부터 항구로 발전했다.

상해(上海)는 1842년의 아편전쟁(鴉片戰爭) 후 체결된 남경조약(南京條約, 난징조약)에 의해 개항되었다. 그리고 1848년 이래 영국, 프랑스 등의 조계(租界)가 형성되었다. 그 후 1920년대부터 1930년대에 걸쳐 극동 최대의 도시로 발전하여 아시아 금융의 중심지가 되었다. 민국시대인 1927년에는 상해특별시가 되었으나, 1930년에 상해시로 바뀌게 된다. 그리고 중화인민공화국의 성립(1949)과 동시에 상해직할시가 되었다. 상해직할시는 1978년 개혁개방정책으로 외국 자본이 유입되면서, 눈부신 발전을 이루었다. 비록 중국의 고도(古都)가 가지고 있는 유구한 역사는 없지만, 현재 중국 그 어느 도시보다도 발전한 국제도시이다. 또한 상해는 역사적으로 한국과 인연이 매우 깊은 곳이다. 한국 독립투사들이 상해에 대한민국 임시정부를 수립하여 활동했으며, 현재 많은 한국 기업들이 중국시장에 진출하고 있는 요충지이다.

상해에는 박물관, 역사유적지, 아름다운 정원 등 인문관광자원이 많다. 상해미술역사박물관에는 수천 년 전의 청동기, 도자기 등 많은 유물들이 소장되어 있다. 상해역사박물관에서는 상해의 도시 발전을 소개하는 사진과 물건들이 전시되어 있다. 상해의 관광명소로는 명대의 정원 건축양식을 대표하는 16세기 예원(豫苑, 위위앤)과 동방명주광파전시탑(東方明珠廣播電視塔), 청대의 용화탑(龍華塔, 룽화탑) 등이 있다. 이곳 관광지들은 관광객들의 많은 사랑을 받고 있다.

제1절 상해 대한민국 임시정부 청사(上海大韓民國臨時政府舊址)

상해 대한민국 임시정부 청사는 임시정부가 상해에서 마지막으로 사용했던 청사이다. 1926년부터 1932년까지 6년 동안 머물던 곳으로, 1993년 4월 23일 원형대로 복원한 청사에는 집무실, 주방, 화장실 등이 있고, 한인 애국단(윤봉길, 이봉창 등)의 활동내용과 대한민국 임시정부의 주요 인사(이승만, 박은식, 이상룡, 안창호, 홍진) 및 임시의정원 의원축하기념사진 등이 전시되어 있다.

상해 대한민국 임시정부 청사는 일제강점기에 상해를 무대로 독립운동의 구심점이 되었던 대한민국 임시정부 청사이다. 또한 3·1운동이 일어난 직후 조직적 항거를 목적으로 상해로 건너간 독립투사들이 활동하던 본거지이다. 1919년 4월 11일, 민족지도자 대표 29명이 상해에 모여 임시정부 수립을 위한 회의를 열었다. 이 회의에서 '대한민국'이라는 국호가 정해졌고, 민주공화제를 표방하는 임시헌장을 공포했다. 이어 4월 13일, 조국의 광복을 염원하며 상해 임시정부가 출범했다.

독립투사들의 애환과 비장한 애국정신이 서린 이곳은 1926년부터 윤봉길 의사의 의거가 있었던 1932년까지 임시정부 청사로 사용했다. 그러나 일본의 계속된 감시와 탄압으로 인해 대한민국 임시정부는 1932년 5월 항주(杭州, 항저우)시로 청사를 이전했고, 1932년 10월 다시 진강(鎭江, 쩐지앙)시로, 1932년 11월 남경(南京, 난징)시로, 1937년 12월 장사(長沙, 창사)시로, 1938년 7월 광주(廣州, 광저우)시로, 1938년 11월 유주(柳州, 류저우)시로, 1939년 5월 기강(綦江, 치쟝)시로, 1940년 9월 중경(重慶, 충칭)시로 이전하는 등 중국의 여러 지역으로 청사를 이전해야 했다. 1989년 상해의 도시개발계획으로 임시정부 청사가 사라질 위기에 처했으나, 대한민국 정부와 국민의 요청에 따라 1993년에 다시 복원되었다.

상해 대한민국 임시정부 청사

상해 대한민국 임시정부 청사는 중국 내에 남아 있는 가장 대표적인 청사이자 중요한 역사성을 간직한 곳이다. 청사는 상해 도심의 뒷골목, 낡고 허름한 건물들 사이로 보이는 3층짜리 빨간 벽돌로 된 건물이다. 1층에서는 임시정부의 활약상과 청사 복원에 관한 내용을 다룬 10분 분량의 비디오를 시청하게 된다. 2층에는 이승만, 박은식, 이동녕 등이 사용했던 집무실이 있고, 3층에는 침실과 임시정부와 관련된 자료들을 관람할 수 있는 전시관이 있다. 임시정부 청사 시절에 사용했던 가구, 서적, 사진 등도 볼 수 있다.

화려하고 많은 볼거리가 있는 상해에서 임시정부 청사는, 한반도의 아픈 역사를 되돌아볼 수 있는 곳으로, 상해를 찾는 한국인 여행객이라면 누구나 한 번쯤 들리는 명소로 자리하고 있다.

제2절 예원(豫園, 위위앤)

예원은 명대에 조성한 개인정원으로 400여 년의 역사를 간직하고 있다. 예원은 효심이 담긴 우아한 원림으로서 당시 명대의 관리였던 반윤단(潘允端, 판원두안)이 아버지 반은(潘恩, 판언)을 기쁘게 해드리기 위해 지은 것이라고 한다. 정원은 설계가 정교하고 경관과 건물이 조화를 이루고 있어, 소주(蘇州, 쑤저우)의 4대 정원과 함께 강남명원(江南名園)으로 불린다.

반윤단(潘允端)은 일찍이 사천포정사(四川布政使)였던 가정(嘉靖) 38년(1559), 고향에 계시던 아버지의 편안한 노후를 위하여, 반가(潘家) 주택이었던 세춘당(世春堂, 쓰춘탕)의 서쪽 채소밭에 조성한 원림이다. 그는 돌을 모으고 연못을 파고, 누각을 지으면서, 원림을 조성하기 시작했으며, 1577년 관직을 사임한 이후 5년 동안 본격적으로 원림을 조성했다. 그는 장장 20여 년 만에 예원을 완성하게 되었다. 예원(豫園)의 '예(豫)'는 '평안하고 기쁘다'는 의미로 예원(豫園)이라 함은 유열노친(愉悅老親), 즉 부모님을 즐겁게 해드린다는 뜻을 가지고 있다. 그 후 반윤단은 1601년에 죽는다. 반윤단이 죽자 그의 말년부터 기울어졌던 반씨가문은 날로 쇠퇴하여, 원림 보수관리의 비용을 감당하지 못해,

결국 예원은 명대 말엽에 장조(張肇, 장쯔우)의 소유가 되었다. 그리고 1760년 (청대 건륭(淸乾隆) 25) 현지 세도가와 거상들이 돈을 모아 20여 년에 걸쳐 예원에 누대(樓臺)와 석산(石山) 등을 중수했다. 하지만 1842년 제1차 아편(鴉片)전쟁과 태평군의 진격으로 예원은 파괴되었다. 그리고 중화인민공화국 설립 후인 1956년부터 5년간의 대규모 보수공사를 하고, 1961년부터 일반인에게 개방했다.

예원의 건축물은 매우 다양하다. 당으로는 삼수당(三穗堂, 싼쑤의탕), 앙산당(仰山堂, 양싼탕), 췌수당(萃秀堂, 추의씨우탕), 점춘당(點春堂, 댄춘탕), 화후당(和煦堂, 허쉬탕), 옥화당(玉華堂, 위화탕) 등이 있고, 루(樓)로는 권우루(卷雨樓, 쥔위러우), 만화루(萬花樓, 완화러우), 장보루(藏寶樓, 창보우러우), 쾌루(快樓, 콰이러우), 회경루(會景樓, 후의징러우), 득월루(得月樓, 더웨러우), 장서루(藏書樓, 창쑤러우), 관도루(觀濤樓, 관타우러우), 환운루(還雲樓, 환윈러우) 등이 있다. 정자로는 고정정(古井亭, 구징팅), 유상정(流觴亭, 리우쌍팅), 호심정(湖心亭, 후씬팅), 읍수정(挹秀亭, 이씨우팅), 망강정(望江亭, 왕지앙팅), 용취정(聳翠亭, 숭추의팅) 등이 있다. 그 외에 희대(戱臺), 헌(軒), 사(榭), 랑(廊), 곡교(曲橋), 관(觀), 방(舫) 등이 있다.

예원은 건축도 유명하지만, 돌로 만든 정원예술도 뛰어나다. 돌로 만든 석가산(石假山)으로는 대가산(大假山)과 소가산(小假山)이 있고, 대가산은 앙산당과 연못을 사이에 두고 있다. 석가산은 중국 강남 지방에서 가장 오래되고 가장 정교하며 가장 규모가 큰 황석(黃石) 가산이다. 또한 절강(浙江)성 무강(武康)에서 나는 황석으로 쌓았으며, 명대의 유명한 석공 장남양(張南陽, 짱난양)이 설계한 것이다.

예원의 또 다른 조각예술로는 벽돌에 새겨진 〈신선도(神仙圖)〉, 〈팔선과해(八仙過海)〉 등과, 항아(姮娥)의 전설이 담긴 〈항아분월(姮娥奔月)〉 등이 있다. 점춘당 서쪽 담은 천운용벽(穿雲龍墻)이라는 거대한 용이 덮고 있다. 용의 머리는 치켜들고 있고, 기와로 용의 비늘을 장식하여 마치 용이 구름을 뚫고

승천하려는 모습을 하고 있다.

중국 국무원(國務院)은 1982년 2월 예원을 전국중점문물보호단위(全國重點文物保護單位)로 지정했다.

예원

제3절 동방명주광파전시탑(東方明珠廣播電視塔)

동방명주광파전시탑은 상해(上海)의 황푸강(黃浦江)변에 위치한 높이 468m의 방송관제탑이다. 속칭 동방명주탑(東方明珠塔)이라 하며, 상해의 상징적 인문경관 중 하나이다. 1991년 7월 30일 착공하여 1994년 10월 1일 탑의 조명시설과 관광시설까지 모두 완공되어, 1995년 5월 1일부터 가동하기 시작했다.

동방명주탑의 구조는 3개의 둥근 원형의 모양과 이를 연결하는 기둥으로 되어 있다. 크고 작은 3개의 둥근 원형모양은 마치 진주가 옥쟁반인 황푸강(黃浦江)에 떨어지는 듯한 이미지를 나타내고 있다. 이런 건축물의 구성으로 동양의 진주라는 뜻으로 동방명주탑이라 불리게 되었으며, 상해 야경에서 핵심적인 역할을 하고 있다.

동방명주탑 하부에는 탑좌(塔座), 건축물의 중간인 263m 지점에는 전망대가 있으며, 최상층부인 350m에는 태공선(太空艙)이라 불리는 회전형 전망대가 있다. 이곳은 주변의 초고층 건물들이 이루는 화려함과 황포강(黃浦江, 황푸지장)을 바삐 오가는 선박들뿐만 아니라, 상해 시내를 한눈에 조망할 수 있는 명소이다. 중간 전망대와 최고층 사이에는 한 시간에 한 바퀴씩 돌아가는 회전 레스토랑(旋轉餐廳)도 자리하고 있다. 이곳에서는 외탄(外灘, 와이탄)과 포동(浦東, 푸둥)의 경치를 감상하며, 근사한 저녁식사를 즐길 수 있다. 또한 10초 만에 중간 전망대에 도착하고, 약 40초 만에 최고층 전망대에 도착하는 동방명주탑 내부의 초고속 엘리베이터는, 한때 세계에서 가장 빠른 엘리베이터로, 기네스북에 오르기도 했다.

동방명주탑

동방명주탑 1층 탑좌(塔座)에는 상해 성시역사발전진열관(上海城市歷史發展陳列館)이 자리하고 있다. 진열관에서는 상해도시 모습을 소개하는 성상풍모(城厢风貌), 서구 열강들이 무력으로 중국의 문을 열게 한 과정을 소개한 개부략영(开埠掠影), 몰려든 외국인들 거주지 모습인 십리양장(十里洋场), 옛 상해의 생활상을 소개한 해상구종(海上旧踪), 각종 건축물을 소개하는 건축박람(建筑博览), 시대별 마차와 차량의 변천을 소개한 차마춘추(车马春秋) 등 여섯 개의 태마로 전시하고 있다. 이곳은 2001년 5월에 개관하여 1840년부터의 상해 모습을 사진과 100여 개의 축소모형, 117개의 밀랍인형, 수백 점의 역사 유물 및 영상물 등으로 소개하고 있다. 또한 서양열강들의 상해침탈과 화려했던 전성기의 모습들을 통해, 상해의 발전과정을 보여주고 있다. 동방명주탑은 중국국가 5A급 관광단지(旅游景区)로 지정되어 있다.

제4절 외탄(外灘, 와이탄)

외탄(外灘)은 상해시 황포구의 황포강변에 있다. 1884년부터 영국조계지가 되어 당시 상해의 십리양장(十里洋場) 모습을 보여주며, 상해 근대도시의 시작점이 되었다. 외국은행, 양행, 신문사 등이 몰려들면서 이곳은 중국 금융의 중심지가 되었으며, 1943년 8월 외탄은 상해 공공조계지의 반환과 동시에 조계지에서 벗어나게 되었다.

외탄은 상해 현대사의 상징적 장소로 원래 외백도교(外白渡橋, 와이바이두차오)에서 십륙포(十六铺, 스류푸)부두까지의 중산동일로(中山东一路, 중산둥이루) 일대를 지칭하는 말이었다. 그러나 지금은 상해의 대표적인 관광지로 군림하면서, 관광객들이 모여드는 강변 산책로만을 외탄이라 부른다. 황포강을 따라 유럽풍 건물들이 늘어선 이국적인 분위기를 만끽할 수 있고, 밤에는 외탄에서 바라보는 포동 지역의 야경이 유명해, 많은 관광객들이 즐겨 찾는 곳이다.

남경동로에서 시작되는 외탄은 황포강변을 따라 1.5km가량 이어지며, 1940년도에 지어진 석조건물이 즐비하다. 이곳 석조건물에는 외국 은행들이 들어와 은행가의 모습을 갖추어가고 있다. 화려하고 웅장한 건축물이 모여 있어, 풍경이 아름답기로 유명한 이곳은, 또한 상해의 슬픈 역사가 깃들어 있는 곳이기도 하다. 아편전쟁에서 청군의 패배로 개항하게 된 상해에 19세기 중반부터, 외국인들이 들어와 건물을 짓고 거주하기 시작했다. 외탄은 뱃길로 들어올 때 가장 먼저 보이는 곳으로, 이곳을 중심으로 당시 뉴욕에서 유행했던 아르데코 풍의 고층건물이 들어섰고, 일부 구역은 중국인의 출입을 금지하기도 했다. 이처럼 비록 상해의 아픈 역사를 간직한 곳이지만 지금은 '외탄만국건축박물관(外滩万国建筑博览群)'이라 불릴 정도로 볼거리가 많다. 관광지로 유명한 외탄의 석조건물들은 아직도 호텔이나 은행, 공공기관의 사무실 등으로 사용되고 있다.

상해(상하이) 외탄(와이탄)

또한 해가 지고 나면 황포강 일대의 고층건물마다 오색찬란한 조명이 들어와 외탄의 야경을 화려하게 장식해 준다. 강을 따라 느껴지는 낭만적인 정취로 상해 사람들의 산책 및 데이트 장소로도 인기가 많다.

상해 외탄은 중국 전국중점유물보호지역(全國重點文物保護單位)으로 지정되었다.

● 예원상가타운(豫園商城, 위위앤쌍청)

예원상가타운의 전체명칭은 상해예원여유상가타운주식유한공사(上海豫園旅遊商城株式有限公司)이다. 이곳은 명(明)대에 조성된 예원의 서쪽에 자리하고 있으며, 122개의 상점이 밀집해 있다. 주변에는 도시의 낡은 건물 등 옛 모습 그대로의 성안 풍경이 많이 남아 있어, 짙은 민속풍토를 느끼게 한다. 하여 많은 외국 관광객의 사랑을 받고 있다. 이곳 좁은 골목에서는 주로 각 지역의 특산공예품 등을 판매하며, 전문점, 옷가게, 서점 등이 밀집되어 있다. 또한 이곳은 상해(上海)인들이 좋아하는 식사를 할 수 있는 식당도 여러 곳 있어, 상해인뿐만 아니라 예원을 찾는 관광객들이 반드시 들러 가는 곳이기도 하다.

● 노신공원(魯迅公園, 루쉰공원)

노신공원은 전에 홍구(虹口, 홍커우)공원으로 불렸다. 노신공원에는 노신 (1881~1936)의 묘와 기념관이 있다. 1905년에 문을 열었으며 홍구공원으로도 잘 알려져 있다. 이곳에는 중국의 문호였던 노신의 묘와 기념관뿐만 아니라 윤봉길기념관 등도 자리하고 있다. 노신기념관에는 노신이 생전에 애용한 물건과 자필원고, 각국에서 출판된 노신연구서 등의 자료들을 전시하고 있다. 윤봉길기념관은 2003년 12월 4일 개관했으며, 윤봉길 의사의 출생부터 홍구공원 의거 전후의 사적을 보여주는 유품과 사진, 대한민국 임시정부의 활동자료 등이 전시되어 있다.

● 남경로(南京路, 난징로)

상해를 단편적으로 표현한다면 거리를 가득 메운 인파, 고층건물과 낡은 석조건물, 화려한 네온사인, 고급상품이 진열된 백화점 등일 것이다. 이 모든 조건을 갖추고 있는 곳이 바로 남경로이다. 남경로는 상해의 명동으로, 동방의 파리로 불리기도 한다. 1851년에 건설된 남경로는 황포공원에서 시작하여 5.5km가 넘게 이어져 있다. 이곳은 중국에서 상품이 제일 풍부하고 품종도 제일 많은 상업거리 중 하나이다. 이곳 남경로는 '중화상업 제1거리(中華商業第一街)'로 불리고 있으며, 하루 유동인구가 170만 명을 넘는다.

참고문헌

丹珠昂,《少數民族對祖國文化的貢獻》, 中央民族大學出版社, 2012.

董鑒泓,《中國城市發展與建設史》, 中國建築工業出版社, 2004.

董琨,《漢字發展史話》, 商務印書館, 1991.

梁宗懍,《荊楚歲時記》, 국립중앙도서관 소장자료(고문헌).

黎先耀·羅哲文,《中國博物館(人文中國書系)》, 五洲傳播出版社, 2004.

劉敦楨,《中國古代建築史》, 中國建築工業出版社, 1984.

劉詠梅,《中國旅遊資源》, 清華大學出版社, 2009.

劉托,《皇陵建築》, 中國文聯出版社, 2009.

毛公寧,《中國少數民族風俗志》, 民族出版社, 2006.

牟作武,《中國古文字的起源》, 上海人民出版社, 2000.

文字改革出版社,《第二次漢字簡化方案(草案)》, 文字改革出版社, 1997.

方曉風,《中國園林藝術》, 中國青年出版社 , 2009.

司馬遷(漢),《史記》, 中國文聯出版社, 2017.

司馬遷(漢),《史記》, 中國文聯出版社, 2017.

《西藏研究》編輯部,《西藏志衛藏通志》, 西藏人民出版社, 1982.

孫思邈(唐),《千金翼方》, 中國醫藥科技出版社, 2011.

楊秀,《中國風俗》, 古吳軒出版社, 2010.

溫玉成,《中國石窟與文化藝術》, 上海人民美術出版社, 1993.

王初慶,《漢字結構析論》, 中華書局, 2010.

袁行霈,《中國文明大視野》(1, 2, 3, 4), 二十一世紀出版社, 2002.

陳文華,《中國茶文化學》, 中國農業出版社, 2006.

陳椽,《茶業通史》, 中國農業出版社, 2008.

蔡燕歆·路秉傑,《中國建築藝術(人文中國書系)》, 五洲傳播出版社, 2006.

許愼,《說文解字》, 上海古籍出版社, 2007.

開封大相國寺: http://www.daxiangguosi.com

桂林旅遊罔: http://www.guilin.com.cn

國學罔: http://www.guoxue.com

靈隱寺: http://www.lingyinsi.org

萬里長城八達岭: http://www.badaling.cn

白馬寺: http://baimasi.lyd.com.cn

北京故宮博物院: http://www.dpm.org.cn

象形字典: http://www.vividict.com

宋城集團: http://www.songcn.com/SongScenic/qing/newindex.shtml

瀋陽故宮博物館: http://www.sypm.org.cn

豫園: http://www.yugarden.com.cn

圓明園遺址公園: http://www.yuanmingyuanpark.cn

中國九華山佛教協會: http://www.jhsfojiao.com

中國茶葉博物館: http://www.teamuseum.cn

中國民族建築研究會, 中國民族建築罔: http://www.naic.org.cn

中國世界遺産罔: http://www.whcn.org

中山風景名勝: http://zschina.nanjing.gov.cn

秦始皇陵博物館: http://www.bmy.com.cn

天壇公園: http://www.tiantanpark.com

清明上河園: http://www.qingmings.com

侵華日軍南京大屠殺遇難同胞紀念館: http://www.nj1037.org

通靈佛教罔: http://www.tlfjw.com

布達拉宮: http://www.potalapalace.cn

河南安陽殷墟: http://www.ayyx.com

漢典: http://www.zidic.net

저자소개

임영화(林英花)

경성대학교 중어중문학과 문학박사
대한중국학회 회원
(현) 가톨릭관동대학교 호텔경영학과 조교수
(전) 동아대학교 국제학부 중국학과 조교수
　　　경북전문대학교 국제교육원 초빙조교수
　　　경북전문대학교 중국통상과 초빙전임강사
　　　부산경상대학교 관광중국어과 강사

<주요 저서 및 논문>

- 《호텔관광중국어(회화편)》(백산출판사)
- 《호텔관광중국어(기초편)》(백산출판사)
- 《속성중국어회화》(도서출판금정)
- 《속성비즈니스중국어》(도서출판금정)
- 「A Study on KOREA-CHINA Fishing Dispute and Marine SECURITY Strengthening Plan」, 『International journal of military affair』, 1(2), 2016
- 「중국 경제범죄에 대한 수사 처벌과 "쌍규(双規)"규정: 공금횡령과 뇌물수수 처벌사례 위주로」, 『한국범죄정보연구』, 제2권, 2016
- 「한국어 중국漢字語와 중국어 어휘의 對應과 非對應관계에 관한 연구」, 『중국학』, 第58輯
- 「중국어의 禁忌語와 대체유형」, 『중국학』, 第51輯
- 「謙讓語를 사용한 현대 중국어 敬語法 소고」, 『중국학』, 第48輯
- 「중국어 敬語표현의 유형과 사용법 소고」, 『중국학』, 第38輯
- 「고대 漢語 존칭어의 形成要因과 과정」, 『중국학』, 第31輯

저자와의
합의하에
인지첩부
생략

중국 인문관광자원의 이해

2018년 3월 10일 초 판 1쇄 발행
2018년 8월 15일 개정판 1쇄 발행

지은이 임영화
펴낸이 진욱상
펴낸곳 (주)백산출판사
교 정 편집부
본문디자인 오행복
표지디자인 오정은

등 록 2017년 5월 29일 제406-2017-000058호
주 소 경기도 파주시 회동길 370(백산빌딩 3층)
전 화 02-914-1621(代)
팩 스 031-955-9911
이메일 edit@ibaeksan.kr
홈페이지 www.ibaeksan.kr

ISBN 979-11-88892-69-3 93980
값 15,000원